Entwicklung eines wissensbasierten Stördiagnosesystems
zur Behebung von Bauteilqualitätsproblemen in der Einsatzhärtung

Vom Fachbereich Produktionstechnik

der

UNIVERSITÄT BREMEN

zur Erlangung des Grades

Doktor-Ingenieur

genehmigte

Dissertation

von

Dipl.-Ing. Markus Wingens

Gutachter: Prof. Dr.-Ing. Franz Hoffmann

Prof. Dr.-Ing. K.-D. Thoben

Tag der mündlichen Prüfung: 28. Februar 2014

Markus Wingens

Entwicklung eines wissensbasierten Stördiagnosesystems zur Behebung von Bauteilqualitätsproblemen in der Einsatzhärtung

Bibliografische Information der Deutschen Nationalbibliothek
Die Deutsche Nationalbibliothek verzeichnet diese Publikation in der Deutschen
Nationalbibliografie; detaillierte bibliografische Daten sind im Internet
über http://dnb.ddb.de abrufbar.

Markus Wingens:

Entwicklung eines wissensbasierten Stördiagnosesystems zur Behebung von
Bauteilqualitätsproblemen in der Einsatzhärtung

1. Auflage, 2015

Gedruckt auf holz- und säurefreiem Papier, 100% chlorfrei gebleicht.

Apprimus Verlag, Aachen, 2015
Wissenschaftsverlag des Instituts für Industriekommunikation und Fachmedien
an der RWTH Aachen
Steinbachstr. 25, 52074 Aachen
Internet: www.apprimus-verlag.de, E-Mail: info@apprimus-verlag.de

Printed in Germany

ISBN 978-3-86359-285-1

D 82 (Diss. Universität Bremen, 2014)

Vorwort

Die vorliegende Arbeit entstand während meiner Tätigkeit als Doktorand bei der BMW AG in Dingolfing. Die wissenschaftliche Betreuung der Arbeit erfolgte durch die Stiftung Institut für Werkstofftechnik (IWT) in Bremen.

Herrn Prof. Dr.-Ing. habil. Franz Hoffmann, Abteilungsleiter der Wärmebehandlung der Hauptabteilung Werkstofftechnik der Stiftung Institut für Werkstofftechnik, danke ich für die wertvollen Anregungen in zahlreichen Diskussionen und die wohlwollende Förderung meiner Arbeit.

Ebenso danke ich Herrn Prof. Dr.-Ing. Klaus-Dieter Thoben, dem Bereichsleiter für informations- und kommunikationstechnische Anwendungen in der Produktion am Bremer Institut für Produktion und Logistik an der Universität Bremen, für die eingehende Durchsicht des Dissertationsmanuskripts und die Übernahme des Korreferates.

Besonderer Dank gilt Herrn Dr.-Ing. Michael Lohrmann, Leiter Zentrale Werkstofftechnik der ZF Friedrichshafen AG, in seiner Funktion als Mentor während meiner Doktorandenzeit bei der BMW AG und darüber hinaus für die jederzeit freundschaftliche Betreuung und unermüdliche Bereitschaft zu fachlichen Diskussionen in seiner extrem kompetenten sowie äußerst angenehmen Art und Weise.

Für die bereitwillige zur Verfügungstellung ihrer individuellen Expertise in regelmäßigen fachlichen Austauschgesprächen zur Erstellung der Wissensbasis des Stördiagnosesystems danke ich Herrn Prof. Dr.-Ing. Werner Zoch, Geschäftsführender Direktor der Stiftung Institut für Werkstofftechnik und Sprecher des SFB 570 „Distortion Engineering", Herrn Prof. Dr.-Ing. habil. Franz Hoffmann, Abteilungsleiter der Wärmebehandlung der Hauptabteilung Werkstofftechnik der Stiftung Institut für Werkstofftechnik, Herrn Dr. Herwig Altena, Leiter der Forschung und Entwicklung der Firma Aichelin Heat Treatment Systems Ges.m.b.H., Herrn Dr. Klaus Löser, Geschäftsbereichsleiter der Vakuum-Wärmebehandlung der Firma ALD Vacuum Technologies GmbH sowie Herrn Gunther Schmitt, Entwicklungsingenieur in der Verfahrenstechnik der Vakuum-Wärmebehandlung der Firma ALD Vacuum Technologies GmbH, ganz herzlich.

Bei den Mitarbeiterinnen und Mitarbeitern der BMW AG am Standort Dingolfing im Werk 2.1 möchte ich mich für die Unterstützung zur Durchführung des umfangreichen Versuchsprogramms trotz der stetigen Ressourcenknappheit in Produktion und Labor, sowie für die hervorragende Zusammenarbeit, die zum Gelingen dieser Arbeit beigetragen haben, bedanken.

Auch möchte ich meinen Studienarbeitern sowie Praktikanten einen großen Dank aussprechen, die mich bei der Durchführung des Forschungsprojektes tatkräftig unterstützt haben. Hervorheben will ich hierbei Herrn Dipl.-Ing. Alexander Wolf, Berater bei SAP IS-U Energiedatenmanagement, der einen wertvollen Anteil am Zustandekommen dieser Arbeit ausgemacht hat.

Ein großer Dank gilt meiner Familie, insbesondere meinen Eltern, die die Grundlage für meine akademische Ausbildung geschaffen und mich bei meiner Promotion stets unterstützt haben.

Ebenfalls möchte ich mich bei meinen Freunden bedanken, die mich auf Ihre ureigene sehr individuelle Art in den richtigen Momenten stets zum Weitermachen ermutigt haben.

Stuttgart im Juni 2012,

Markus Wingens

Kurzzusammenfassung

In der Wärmebehandlung auftretende Anlagenstörungen und Bedienfehler führen zu Fehleinstellungen von Prozessparametern und damit zu Bauteilqualitätsproblemen. Die Stördiagnose zur Behebung dieser Qualitätsabweichungen in der Lohn- bzw. Betriebshärterei wird durch entsprechende Fachleute nach intuitiven und individuellen Vorgehensweisen durchgeführt.

Mit dem Ziel, diese Methodik mit ihren sämtlichen Ausprägungen und Abhängigkeiten im Bereich der Gas- und Niederdruckaufkohlung zu modellieren, anhand empirischer Untersuchungen und mit Hilfe eines eigens entwickelten Auswertealgorithmus bezüglich ihrer Effizienz zu optimieren und anschließend in einer Software sowohl zeit- als auch ortsunabhängig verfügbar zu haben, wurde ein wissensbasiertes Stördiagnosesystem entwickelt.

Die Vorgehensweise zum Aufbau eines derartigen Systems wird in der vorliegenden Arbeit vorgestellt. Weiterhin wird auf die Vorteile einer Einführung in die Serienfertigung eingegangen und ein Ausblick auf zukünftige Potentiale gegeben.

Inhaltsübersicht

0   Formelzeichen und Abkürzungen

AFE	Antizipierende Fehlererkennung
Aichelin	AICHELIN Heat Treatment Systems Ges.m.b.H
ALD	ALD Vacuum Technologies GmbH
AS	Anlagenstörung
AH	Auftretenshäufigkeit
BMW	Bayrische Motorenwerke AG
BQP	Bauteilqualitätsparameter
DIN	Deutsches Institut für Normung
ES	(Absolute) Einflussstärke
ES_{rel}	relative Einflussstärke
FIR	Forschungsinstitut für Rationalisierung
FMEA	Fehlermöglichkeits- und Einflussanalyse
	(engl.: Failure Mode and Effects Analysis)
GPrio	Gesamtprioritätskennzahl
ISO	International Organization for Standardization
IT	Informationstechnik
IWT	Stiftung Institut für Werkstofftechnik Bremen
KI	Künstliche Intelligenz
KZ	benötigte Kontrollzeit
KZ*	Modifizierte benötigte Kontrollzeit
SU	Störungsursache
U	Erweiterte Messunsicherheit
WBP	Wärmebehandlungsparameter
WiSE	Wissensbasiertes Stördiagnosesystem Einsatzhärten

d	mm	Durchmesser
l	mm	Länge

1 Einleitung

Um in der heutigen Zeit langfristig in den internationalen Märkten bestehen zu können, unterliegen Industrieunternehmen dem Zwang, sich zwei essentiellen Herausforderungen zu stellen: zum einen der kontinuierlichen Produktivitätssteigerung in den Entwicklungs- und Fertigungsprozessen und zum anderen der zunehmenden Bedeutung und Anwendung von Wissen als ein zusätzlicher Wettbewerbsfaktor.

Intensivierter Wettbewerb im Zuge der Globalisierung und steigende Rohstoffpreise sowie kürzere Lieferzeiten bei gleichzeitig sinkenden Verkaufspreisen zwingen Unternehmen dazu, ihre Produktion mit Fokus auf reduzierte Durchlaufzeiten, verbesserte Produktqualität und Kostensenkung zu optimieren [BECK 05, SCHU 06]. Wesentliche Steigerungen der Produktivität können dabei durch die gezielte Reduzierung von Stillstandszeiten und eine damit einhergehende Erhöhung von Anlagenverfügbarkeiten erreicht werden. Die dazu erforderliche zeitnahe und kompetente Identifikation, Diagnose und anschließende Behebung von Störungsursachen bei Qualitätsproblemen stellen bei einer wachsenden Komplexität industrieller Systeme jedoch eine bei weitem nicht triviale Aufgabe dar [BÄUR 05, PUPP 01, WEID 05].

Im Rahmen des Wandels von einer Produktionsgesellschaft zu einer Dienstleistungs- und Wissensgesellschaft ist zu den klassischen Produktionsfaktoren Boden, Kapital und Arbeit Wissen als vierter Einflussfaktor hinzugekommen [BEND 00, HAUN 02]. So wird der größte Anteil des Unternehmenswertes mittlerweile durch das intellektuelle Kapital einer wissensbasierten Organisation bestimmt [HUNT 02]. Wissensintensivere Geschäftsprozesse führen zu einer zunehmenden Abhängigkeit der Wertschöpfung eines Unternehmens vom Faktor Wissen und stellen damit eine der größten Anforderungen im Unternehmensumfeld dar [GRON 06].

Die in der Vergangenheit gemachten Erfahrungen sowie die Expertise der Mitarbeiter zu speichern und bei Bedarf verfügbar zu haben, sind wichtige Einflussgrößen für die Prozesseffizienz, die Produktqualität und damit den Erfolg eines Unternehmens [BACH 99, DAVI 99, HOLT 99, NURM 98]. Der effiziente und effektive Umgang mit Wissen zur Sicherung von Wettbewerbsvorteilen ist Aufgabe des Wissensmanagements, welches laut einer Studie der Deutschen Bank bei einer erfolgreichen Umsetzung eine Produktivitätssteigerung von bis zu 30 Prozent bewirken kann [ARMU 02, HINR 02, DEUT 99]. Häufig wird das in einem Unternehmen vorhandene Wissen jedoch nicht ausreichend genutzt und kann im Extremfall, beispielsweise durch Fluktuationen im Personalbestand, dem Unternehmen nicht mehr zur Verfügung stehen [RAUN 01, SVEI 97]. Eine Sicherung dieses Wissens ist jedoch insbesondere für die Durchführung von technischen Diagnosen aufgrund des kontinuierlich komplexer werdenden Fachwissens sowie der erforderlichen Symbiose verschiedener Kompetenzen aufgrund der unterschiedlichen möglichen Fehlerkategorien von enormer Bedeutung [PUPP 01]. Wissensbasierte Diagnosesysteme, bei denen das Diagnosewissen, insbesondere das Erfahrungswissen, der Fachexperten formalisiert gespeichert wird, stellen dabei ein wirkungsvolles Hilfsmittel dar [PUPP 01].

Während für das optimale Vorgehen bei technischen Stördiagnosen heutzutage in vielen Bereichen zahlreiche schriftliche sowie elektronische Anweisungen existieren und die Unterstützung dieser wissensintensiven Prozesse durch wissensbasierte Systeme weit verbreitet ist [HÖRL 07, PUPP 01, RAUN 01, WEID 05], stehen für das Gebiet der Wärmebehandlung und insbesondere den Prozess des Einsatzhärtens keinerlei Standards zur Verfügung.

Das zur Beherrschung dieses sehr speziellen Fachbereiches erforderliche Fachwissen erstreckt sich über die Gebiete der klassischen Werkstofftechnik, der Wärmebehandlungstechnik sowie der Anlagentechnik. Eine nicht vorhandene Dokumentation des zur Identifikation der ursächlichen Fehleinstellungen von Anlagenparametern bei auftretenden Qualitätsproblemen benötigten Erfahrungswissens macht häufig eine Konsultation der für die jeweiligen Fachgebiete ausgewiesenen Experten erforderlich.

Aufgrund der Charakteristik eines thermochemischen Diffusionsprozesses sind in der Wärmebehandlung darüber hinaus extrem lange Behandlungsdauern der Bauteile notwendig, was einerseits die gleichzeitige Behandlung mehrerer Teile in Batch-Prozessen sowie einen 3-Schicht Betrieb erforderlich machen, um eine ökonomische Anlagenauslastung zu ermöglichen. Bei auftretenden Qualitätsproblemen ist dadurch immer eine größere Anzahl von Bauteilen betroffen, was zu enormen Ausschuss- und Nacharbeitskosten führt. Zusätzlich führen Stillstände von Großanlagen in kürzester Zeit zu Ausfallkosten sowie zu schwer aufzuholenden Produktionsrückständen. Bei einer Störung des Prozesses ist daher die Verfügbarkeit des benötigten Fachwissens rund um die Uhr kosten- und qualitätsentscheidend.

Motivation der vorliegenden Arbeit ist es, Zeit- und Kosteneinsparungen durch eine Effizienzsteigerung bei der Diagnose von für Qualitätsprobleme ursächliche Anlagenstörungen für den komplexen Bereich der Einsatzhärtung zu erreichen sowie das dazu benötigte Wissen mittels eines wissensbasierten Systems zu sichern und eine ortsunabhängige Verfügbarkeit in der Produktion jederzeit zu garantieren. Mit dem Ziel, sowohl akute Qualitätsprobleme in kürzester Zeit sowie Qualitätsabweichungen präventiv beheben zu können, wird der Fokus auf die Formalisierung des bei den Experten der Werkstofftechnik, Wärmebehandlungstechnik und Anlagentechnik zur Vorgehensweise der Stördiagnose im Bereich der Einsatzhärtung implizit gespeicherten Wissens gelegt. Die Erweiterung und Optimierung der Methodik der Fachleute durch empirische Untersuchungen bzw. eines eigens entwickelten Priorisierungsalgorithmus für die potentiell ursächlichen Anlagenparameter stellen weiterführende Schwerpunkte dieser Arbeit dar.

2 Kenntnisstand und Grundlagen

2.1 Wissen im Unternehmen

2.1.1 Begriffsabgrenzungen

Aufgrund der interdisziplinären Behandlung des Themas „Wissen" existieren in der Literatur zahlreiche Erläuterungen des Begriffes [DAVE 00, HERB 00, RODE 01]. Eine umfangreiche Zusammenstellung ist bei Amelingmeyer [AMEL 04] zu finden. In dieser Arbeit soll zur Definition des Terminus die Darstellung von Gilbert Probst herangezogen werden [PROB 06]:

"Wissen bezeichnet die Gesamtheit der Kenntnisse und Fähigkeiten, die Individuen zur Lösung von Problemen einsetzen. Dies umfasst sowohl theoretische Erkenntnisse als auch praktische Alltagsregeln und Handlungsanweisungen. Wissen stützt sich auf Daten und Informationen, ist im Gegensatz zu diesen jedoch immer an Personen gebunden."

Häufig findet sich in der Fachliteratur auch eine Definition über die Abgrenzung von Zeichen, Daten und Informationen. Entsprechend Bild 2.1 werden Zeichen (Buchstaben, Ziffern, Sonderzeichen) über eine Syntax, d.h. Ordnungsregeln, miteinander zu Daten verknüpft. Informationen entstehen wiederum, wenn Daten in einem Kontext zueinander gestellt werden, damit interpretierbar sind und ihnen eine Bedeutung zukommt. Durch die Verknüpfung mit anderen Informationen und die Verarbeitung und Interpretation der Informationen durch das eigene Bewusstsein, Intelligenz und vorhandene Erfahrungen entsteht Wissen, welches die Grundlage für Entscheidungen und Handlungen bildet [GÜLD 03, HAUN 02, HOPF 01, NORT 02, OELS 03, WILK 01].

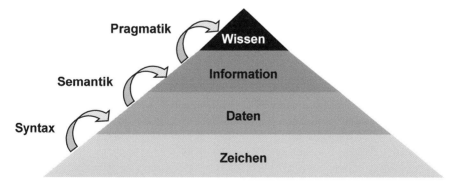

Bild 2.1: Wissenspyramide in Anlehnung an AAMODT und NYGÅRD [WOLF 99 nach AAMO 95].

Eine Klassifizierung der Wissensarten ist auf unterschiedlichste Weise möglich. Hier sollen lediglich die für die vorliegende Arbeit relevanten Dimensionen vorgestellt werden. Die epistemologische Dimension, die Unterscheidung zwischen implizitem, auch sogenanntem stillschweigendem, und explizitem Wissen geht zurück auf Polanyi [POLA 58]. Explizites Wissen ist dem Wissensträger bewusst und mittels formaler, systemischer Sprache auf andere transferierbar und damit dokumentier- sowie imitierbar. Aus diesem Grund sind Wettbewerbsvorteile, welche sich aus explizitem Wissen ergeben, als temporär anzusehen [HERB 00, NONA 97, PROB 06, SCHN 96]. Hingegen basiert implizites Wissen auf individuellen Erfahrungen, Intuition und Fähigkeiten und vereint sowohl technische als auch mentale und kognitive Elemente. Daher ist es äußerst vielschichtig, personen- und kontextgebunden und schwer kommunizierbar. Eine Imitation dieses Erfahrungswissens ist somit nicht einfach, was auf diesem Typus basierende Wettbewerbsvorteile langfristig sichert [KLOS 01, NONA 97, PROB 06].

Des Weiteren kann bei der ontologischen Dimension zwischen individuellem und kollektivem Wissen unterschieden werden. Während individuelles Wissen lediglich einem einzelnen menschlichen Wissensträger zur Verfügung steht, existiert kollektives Wissen in einer unternehmensinternen oder auch –übergreifenden Gruppe. Die Summe einzelner individueller Beiträge ist weniger als das kollektive Wissen, da sich über ein Netzwerk innerhalb der Organisation Synergieeffekte bilden können. [GÜLD 03, SCHN 96]

2.1.2 Wissensmanagement

Seit der Einführung des Toyota-Produktionssystems durch den Produktionschef von Toyota, Taiichi Ohno, wurden diverse Anstrengungen unternommen, die Produktion durch Standardisierungen und Beseitigung unterschiedlicher Arten von Verschwendungen in den Fertigungsprozessen zu optimieren [OHNO 93]. Die Übertragung und damit Ausweitung dieser Systematik auf den Umgang mit Wissen, um Fehl- bzw. Überinformationen sowie eine ineffiziente Nutzung und Behinderung beim Transfer von Wissen zu vermeiden, stellt demnach einen logischen Folgeschritt dar [HINR 02].

Es für die einzelne Person zunehmend schwieriger, die verfügbare Informationsflut zu filtern und zu sortieren, um nur das benötigte Wissen bei Bedarf gezielt zur Verfügung zu haben. Insbesondere in wissensintensiven Prozessen, bei denen das Wissen der Prozessbeteiligten einen überdurchschnittlich hohen Anteil an der Wertschöpfung ausmacht, wenn beispielsweise mehrere unterschiedliche Quellen und Expertisen für einen Prozess zwingend sind, ist die Umsetzung von Wissen in nachhaltige Wettbewerbsvorteile das Hauptziel des Wissensmanagements [GRON 06, NORT 02].

Wie schon der Begriff 'Wissen' wird auch das Thema Wissensmanagement in unterschiedlichsten Disziplinen (bspw. Philosophie, Psychologie, Wirtschafts- und Informationswissenschaften, Wirtschaftsinformatik, Organisations- und Managementforschung) ausführlich diskutiert [DAVE 00, THOM 05, WEHN 02]. Ebenso vielfältig sind die jeweils verwendeten Definitionen des Begriffes 'Wissensmanagement'. Für diese Arbeit soll die nachfolgende verwendet werden:

„[...] making sure that access to knowledge, information, and data is available to the right person, at the right time, and in the right place." [BROO 99]

Motive	Top Two*	Mittelwert
Weitergabe von Wissen an neue Mitarbeiter verbessern	91%	1,64
Wissen im Unternehmen besser integrieren	86%	1,75
Unternehmen vor Wissensverlust durch Mitarbeiterweggang schützen	82%	1,77
Führungskräfte ermuntern, das Teilen von Wissen als Instrument zu nutzen	80%	1,91
Das strategische Wissen im Unternehmen identifizieren/ schützen	77%	2,00
Mitarbeiter ausbilden, ihre eigenen Fähigkeiten zu entwickeln	76%	1,95
Erleichterungen bei der Zusammenarbeit von Projektgruppen	75%	2,03
Das nicht dokumentierte Wissen der Mitarbeiter erfassen	75%	2,06
Mitarbeiter auf strategische Ziele ausrichten	69%	2,29
Wissen von außerhalb der Unternehmung besser erfassen und anwenden	68%	2,21
Unterstützung bei der Konzentration auf wesentliche Informationen	67%	2,28
Sicherstellen des Wissenstransfers in/ aus allen Niederlassungen	67%	2,22
Mitarbeiter-Akzeptanz von Innovationen steigern	65%	2,3
Probleme des Informationsüberflusses im Unternehmen vermeiden	59%	2,45
Weitergabe an Kunden oder Auftraggeber fördern	47%	2,92
Integration nach Unternehmenskauf oder -zusammenschluss	47%	2,75
Weitergabe von Wissen an Partner in strategischen Allianzen verbessern	37%	3,05
Weitergabe an Zulieferer fördern	36%	3,07
Auf dem Laufenden bei WM-Praktiken von Wettbewerbern sein	31%	3,23

* Prozentzahl der Unternehmen, die ein Motiv mindestens mit 2 bewertet haben

Tabelle 2.1: Nach abnehmender Wichtigkeit geordnete Motive für die Durchführung von Wissensmanagement nach [EDLE 03]; Skala: 1: sehr wichtig, 6: völlig unwichtig.

Die Bedeutung des Faktors Wissen als Unternehmensressource zeigt sich in der zunehmenden Einführung und Umsetzung von Wissensmanagementkonzepten bzw. –modellen durch Unternehmen [BICK 04]. In einer vom Fraunhofer-Institut für Systemtechnik und Innovationsforschung im Jahr 2003 durchgeführten Studie wurden 500 deutsche Unternehmen aus den Bereichen Industrie und Dienstleistung nach ihren Motiven für Wissensmanagement befragt. Die Ergebnisse, welche sich mit einer neueren Veröffentlichung des Fraunhofer Institut für Produktionsanlagen und Konstruktionstechnik (IPK) und dem Fraunhofer Institut für Fabrikbetrieb und Automatisierung (IFF) decken [ORTH 11], sind in Tabelle 2.1 dargestellt.

Hiernach stellen die interne Weitergabe (91 %) und die Integration (86 %) von Wissen die wichtigsten Motivatoren dar. Gefolgt von der Identifizierung und dem Schutz des Wissens als zweitwichtigstem Grund zeigt die Bedeutung der Probleme, welche durch eine Fluktuation von Wissensträgern entstehen können. Erst in der anschließenden Gruppe von Motiven für das industrielle Wissensmanagement wird die Aus- und Weiterbildung von Mitarbeitern genannt [EDLE 03].

Für die Implementierung und Realisierung von Wissensmanagement in Unternehmen steht eine Vielzahl unterschiedlicher Ansätze, Gestaltungsdimensionen und Modelle zur Verfügung [BUKO 02, EPPL 01, KLOS 01, RIEM 04, NORT 02]. Im weiteren Verlauf der Arbeit soll sich auf Methoden zur Umsetzung der wichtigsten der in Tabelle 2.1 genannten Aspekte, d.h. der unternehmensinternen Wissensverteilung, -sicherung und -nutzung beschränkt werden.

Ein weit verbreitetes Konzept, bei welchem sowohl die Nutzung als auch die Sicherung des Wissens einen wesentlichen Bestandteil ausmachen, ist das Kreislaufmodell nach Probst, welches in Bild 2.2 dargestellt ist. Der äußere Kreislauf, bestehend aus den Elementen Wissensziele und Wissensbewertung, stellt den klassischen Managementregelkreis (Zielsetzung, Umsetzung, Messung) dar und repräsentiert die strategische Seite des Wissensmanagements. Während unter Wissenszielen die für die Ausrichtung der wesentlichen Prozesse des jeweiligen Unternehmens erforderliche Wissensziele (normative, strategische und operative) definiert werden, wird deren Umsetzung und Zielerreichung bei der Wissensbewertung evaluiert [PROB 06].

Der innere Kreislauf, bestehend aus sechs konsekutiven Bausteinen, bildet den Prozess der eigentlichen Wissensgenerierung und -umsetzung. Diese sollen nachfolgend kurz dargestellt werden:

- Wissensidentifikation: Dieser Baustein dient der Herstellung von Transparenz über unternehmensinternes und –externes Wissen und Identifikation von Wissenslücken. Bestehendes Wissen ist für eine effektive Wissensnutzung meist unzureichend strukturiert und aufbereitet.

- Wissenserwerb: Ziel dieses Bausteins ist die Einbindung externer Wissensquellen zur Steigerung der internen Wissensbasis.

- Wissensentwicklung: Als komplementärer Baustein zum Wissenserwerb sollen neue Ideen, Fähigkeiten und Prozesse intern entwickelt werden. Hierbei ist die Externalisierung von bereits vorhandenem Wissen einzelner interner Wissensträger für die kollektive Nutzung ein wesentlicher Bestandteil.

- Wissens(ver-)teilung: Durch die Verbreitung des bereits im Unternehmen vorhandenen Wissens und Erfahrungen wird dieses für das gesamte Unternehmen nutzbar gemacht. Mit dem Ziel, einen problemlosen Ablauf der organisatorischen Prozesse ermöglichen zu können, liegt der Fokus hierbei darauf, das „richtige Wissen, zur richtigen Zeit, am richtigen Ort" [HEIN 05] für die jeweilige Zielgruppe verfügbar zu machen.

- Wissensnutzung: Hierunter sind Maßnahmen zum produktiven Einsatz des organisationalen Wissens zu verstehen. Die effiziente Nutzung der Wissensressource wird als eigentlicher Sinn des Wissensmanagements gesehen [KLOS 01]. Gemeinsam mit einer adäquaten IT-Infrastruktur stellen die dargestellten Bausteine die Basis für eine erfolgreiche Wissensnutzung dar. Hierbei ist die Zugänglichkeit zu dem System für die regelmäßige Nutzung von entscheidender Bedeutung [BERN 02].

- Wissensbewahrung: Mit dem Ziel, intern vorhandenes Wissen in Form von Erfahrungen altgedienter Mitarbeiter und eingespielten Prozessen langfristig abrufbar zu haben, soll das Unternehmen vor Wissensverlusten geschützt werden. Die Digitalisierung und elektronische Speicherung des Wissens stellt hierbei eine wichtige Option dar [BEA 00, PFAU 99].

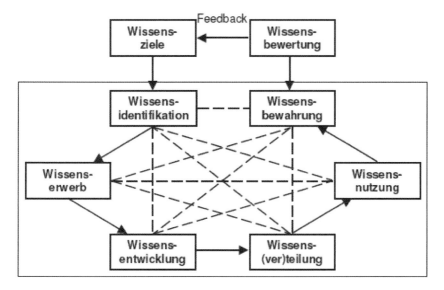

Bild 2.2:   Bausteine des Wissensmanagements nach [PROB 06].

Während die ersten drei Bausteine des internen Kreislaufes die planerischen und technologischen Aktivitäten eines Unternehmens darstellen, repräsentieren die folgenden drei die Umsetzung des erworbenen Wissens in der Produktion. Eine unzureichende Beachtung eines einzelnen oder mehrerer Bausteine führt zu einer Störung des Wissenskreislaufes und damit zu Problemen im gesamten Wissensmanagementprozess. So führen beispielsweise neue Fertigungsprozesse oder 3-Schicht-Betrieb, Krankheit, Urlaub bzw. Kündigung von internen Fachleuten sowie der demografische Wandel zu einer mangelnden Verfügbarkeit und damit Nutzbarkeit des benötigten Wissens [KUHN 91, PROB 06, STAT 11].

Entsprechend einer Studie des Forschungsinstituts für Rationalisierung (FIR), in der wissensbasierte bzw. wissensintensive Unternehmen[1], deren Produkte auf komplexen und wenig standardisierten Problemlösungen basieren [RÜTE 00], zum Thema Wissensmanagement befragt wurden, steckt ein Großteil des Wissens der befragten Unternehmen in den Köpfen der Mitarbeiter, liegt also implizit vor. Eine systematische Identifikation und Aufbereitung des relevanten und erfolgskritischen Wissens, welches meist durch Kenntnisse, Fähigkeiten und Kompetenzen der einzelnen Mitarbeiter definiert ist, stellt eine wichtige Grundlage für ein erfolgreiches Wissensmanagement dar. Unter Wissensaufbereitung wird hierbei der strukturierende Wissenstransfer mit anschließender Wissensspeicherung verstanden [BRUM 01].

Mittels der in der Literatur häufig zitierten sogenannten „Spirale des Wissens" von Nonaka und Takeuchi können die in Kapitel 2.1.1 erwähnten Wissensarten des expliziten und impliziten Wissens ineinander überführt bzw. transferiert werden. Entsprechend Tabelle 2.2 werden vier Arten der Wissenskonversion unterschieden [NONA 97]:

- Sozialisation wird als Austausch von Erfahrungen und mentalen Modellen zwischen zwei Personen durch Beobachtung und Nachahmung verstanden; z.B. Anlernen eines neuen Mitarbeiters.

- Externalisierung macht implizites Wissen durch Dokumentation, Analogien und Modelle für Dritte bzw. die Organisation nutzbar. Hier wird auch von Kodifizierung gesprochen. Auf diese Weise ist eine strukturierte Dokumentation von Erfahrungswerten der Mitarbeiter möglich. Würde ein Mitarbeiter das Unternehmen verlassen, wäre das Wissen für das Unternehmen nicht mehr verfügbar. Insbesondere dieser Verlust von für die Wertschöpfung essentiellem Wissen soll verhindert werden. Dies ist ein zentrales Element im Bereich des Wissensmanagements und für die Kontinuität von Unternehmen unerlässlich.

- Internalisierung bezeichnet den Prozess der Integration von Erfahrungen und Fähigkeiten in das individuell bestehende mentale Modell eines Einzelnen. Eine Methode der Internalisierung ist das Lernen.

- Kombination verbindet bestehendes und neues explizites Wissen miteinander. Durch Sortierung, Kategorisierung und Addition entsteht neues Wissen.

---

[1] Ein Großteil der über 50 befragten technischen Dienstleistungsunternehmen ist in der Instandhaltung, Wartung oder Inspektion tätig.

von ＼ zu	Implizites Wissen	Explizites Wissen
Implizites Wissen	Sozialisation	Externalisierung
Explizites Wissen	Internalisierung	Kombination

Tabelle 2.2: Formen der Wissenstransformation in Anlehnung an [NONA 97].

2.1.3 Barrieren des Wissensmanagements

Bei der Untersuchung der Hindernisse für die Einführung bzw. Umsetzung von Wissens-management wird in der Literatur zwischen empirischen Studien und analytischen Syste-matisierungsansätzen, in welchen die Barrieren kategorisiert werden, unterschieden [ADEL 02].

Zur Identifizierung und Bewertung von Barrieren des Wissensmanagements wurden empi-rische Studien vom Fraunhofer IAO, der Deutschen Bank und der Wirtschaftsberatung KPMG Consulting zum Umgang mit Wissen als Ressource im betrieblichen Umfeld durch-geführt [BULL 97, DEUT 99, KPMG 01]. Da sich die Studien hinsichtlich der Ergebnisse nur geringfügig von einander unterscheiden, soll nachfolgend exemplarisch die Studie von KPMG dargestellt werden.

Im Jahr 2001 nahmen an der Studie knapp 150 überwiegend große bzw. sehr große Un-ternehmen (Anzahl der Mitarbeiter ≥ 1.000) aus Deutschland, Österreich und der Schweiz teil. Die Auswertung der Antworten ist in Bild 2.3 prozentual dargestellt.

Es ist ersichtlich, dass als die größte Barriere für die Einführung von Wissensmanagement mangelnde zeitliche Ressourcen genannt wurde. Ein fast ebenso großes Hindernis stellt die Weitergabe des eigenen Wissens mit 62% dar. In diesem Punkt zeigt sich die häufige Gleichsetzung von Wissen und Macht der Mitarbeiter. Nur noch knapp die Hälfte der be-fragten Unternehmen sehen das Fehlen einer eindeutigen Strategie für das Wissensma-nagement (47%) bzw. Schwächen auf Seiten der IT (44%) als ein Problem an. Unabhän-gig voneinander wurde bei allen drei Studien der Zeitmangel als wesentliches Hindernis des Wissensmanagements identifiziert. Auch die Weitergabe des eigenen Wissens wurde jeweils als weitere bedeutende Barriere genannt.

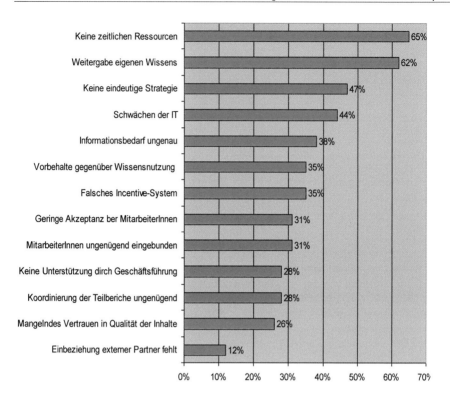

Bild 2.3:   Barrieren bei der Einführung von Wissensmanagement [KPMG 01].

In zahlreichen Veröffentlichungen finden sich verschiedene Systematisierungsansätze zur Kategorisierung der Barrieren sowie deren Ursachen. Eine umfangreiche Diskussion dieser Ansätze erfolgt in der Dissertation „Knowledge Management Support – Nachhaltige Einführung organisationsspezifischen Wissensmanagements" von M. Bick [BICK 04]. Eine Zusammenfassung der wichtigsten Hintergründe für die Behinderung von Wissensmanagement ist nachfolgend kurz dargestellt [HAUN 02]:

- Veränderte Machtverhältnisse im Unternehmen durch eingeführte Neuerungen [PROB 06]

- Furcht der Mitarbeiter vor Identitäts- sowie unkontrolliertem Wissensverlust

- Ablehnung gegenüber neuem, fremdem Wissen

- Ineffizienz des interpersonellen Wissenstransfers

- Stark ausgeprägte Hierarchien innerhalb des Unternehmens [PROB 06]

- Detailliertes und spezifisches Fachwissen führt zu funktionsorientiertem Denken (funktionale Barrieren) [AUGU 00, PROB 06]

- Sowohl zeitliche als auch technologische Abhängigkeit von Führungskräften und Kollegen

- Individueller Nutzen ist für die Beteiligten nicht ersichtlich [ADEL 02]

- Erschwerter Zugang zu zuverlässigen Informationen durch schwer einzuschätzende Leistungsfähigkeit anderer

- Erhöhter zeitlicher und finanzieller Koordinations- und Kommunikationsaufwand, was wiederum gesteigerte Transaktionskosten bedingt

- Fehlende Datenaufbereitung sowie ungeeignete IT-Strukturen führen zu technologischen Barrieren [GADA 02, RÜML 01]

Einen wesentlichen Erfolgsfaktor für die Umsetzung von Wissensmanagement stellt entsprechend einer Vielzahl der Literaturquellen eine Unternehmenskultur dar, in welcher die Bedeutung im Umgang mit Wissen anerkannt ist und Wissens(ver-)teilung als selbstverständlich gilt [DAVE 00, PROB 06]. Diese kann in Form von diversen Anreizsystemen, Schulungskonzepten und der ausreichenden Kommunikation von den durch die Einführung bedingten Veränderungen unterstützt werden [THIE 01]. In jedem Fall stellt jedoch die ausführliche Prüfung der individuellen Anforderungen der Organisation für eine nachhaltige Einführung und Etablierung des Wissensmanagements ein wesentliches Element dar [BULL 98, GISS 02].

2.1.4 Wissensmanagementsysteme

Entsprechend der Interdisziplinarität des Wissensmanagements existieren in der Literatur unterschiedliche Ansätze zur Klassifikation von Wissensmanagementsystemen. In dieser Arbeit wird die funktionale Kategorisierung nach [LEHN 09] verwendet. Diese ist in Tabelle 2.3 dargestellt und soll nachfolgend kurz erläutert werden:

Mit dem Ziel Gruppenarbeiten zu optimieren, dienen Groupwaresysteme der Koordination und Kooperation von Gruppen in Unternehmen.

Inhaltsorientierte Systeme bilden den vollständigen Lebenszyklus kodifizierter Informationen ab, bieten einheitliche integrierte Zugänge zu vorhandenen Informationen und unterstützen Anwender bei der Archivierung sowie der entsprechenden Recherche nach relevanten Informationen.

Da die dritte Systemkategorie "Systeme der künstlichen Intelligenz" für den Bereich des Wissensmanagements von wesentlicher Bedeutung ist, wird diese nachfolgend ausführlicher dargestellt.

Goupware-systeme	Inhalts-orientierte Systeme	Systeme der künstlichen Intelligenz	Führungs-informations-systeme	Sonstige Systeme
• Kommunikationssysteme • Kollaborationssysteme • Koordinationssysteme	• Dokumentenmanagementsysteme • Contentmanagementsysteme • Portalsysteme • Lernmanagementsysteme	• Expertensysteme • Agentensysteme • Text Mining Systeme	• Data Warehouse • OLAP-Systeme • Data Mining Systeme	• Suchdienste • Visualisierungssysteme

Tabelle 2.3: Übersicht verwendeter Systeme und Technologien des Wissensmanagements nach [LEHN 09].

Einer der Schwerpunkte bei Expertensystemen bzw. wissensbasierten Systemen stellt die Formalisierung und Speicherung von implizitem Erfahrungswissen dar, um dieses dem Unternehmen personenunabhängig zur Verfügung zu stellen bzw. Experten bei Routinetätigkeiten zu unterstützen und zu entlasten [LEHN 09, PUPP 01, SCHM 03]. Insbesondere zur Behebung von Störungen hat sich zunehmend die Anwendung wissensbasierter (Diagnose-)Systeme durchgesetzt, da sich das auf Regeln und Fakten basierende Diagnosewissen relativ einfach systematisch aufbereiten und formalisieren lässt. Zudem ermöglichen sie die Verarbeitung unsicheren Wissens sowie eine erforderliche Unschärfe beim kausalen Schließen [MÖLL 05, PUPP 01]. Bei folgenden Rahmenbedingungen ist der Einsatz wissensbasierter Systeme besonders bewährt:

- Das Wissen basiert primär auf Erfahrungs- und Fachwissen.

- Die Entscheidungsfindung erfolgt unter Verwendung sicherer Fakten sowie vager Erfahrungswerte.

- Der Problembereich ist abgrenzbar.

- Die Komplexität der Probleme ist weder zu gering noch zu groß.

Die ebenfalls den Systemen der künstlichen Intelligenz zugehörigen Agentensysteme können durch Interaktion mit der Umwelt Aufgaben für Benutzer autonom erledigen, indem einzelne Agenten in einer offenen Umgebung zielorientiert interagieren. Sie sind vor allem dann von Vorteil, wenn mehrere bestehende Systeme für eine Problemlösung miteingebunden werden sollen, bzw. die Lösungskompetenz verteilt vorliegt und verschiedene Informationsquellen integriert werden müssen. Hierbei werden insbesondere intelligente Suchagenten verwendet, um Benutzer gezielt mit Informationen zu versorgen [LEHN 09, SENG 01].

In Textform abgespeicherte digitale Informationen können mit Hilfe von Text-Mining-Systemen aufbereitet werden. Durch formale Informationen, wie z.b. verwendete Sprache, Wortanzahl etc., sowie inhaltliche Zusammenfassungen durch die Systeme erhalten Benutzer über Art und Inhalt der Informationen einen Überblick [LEHN 09].

Die funktionale Klasse der Führungs- oder Managementinformationssysteme unterstützt auf der Grundlage von operativen Unternehmensdaten das mittlere und obere Management bei der Durchführung schlecht strukturierbarer Aufgabenstellungen [LEHN 09].

Den zuvor dargestellten Kategorien nicht zuordenbare Systeme werden unter "sonstige Systeme" zusammengefasst. Diese können beim Auffinden relevanter Informationen durch Suchdienste unterstützen oder Informationen visualisiert darstellen [LEHN 09].

Im Gegensatz zu anderen wissensintensiven Bereichen war die Verwendung moderner Systeme, wie zum Beispiel Multi-Agenten-Systeme, zum automatisierten Aufbau und einer anschließenden Erweiterung der Wissensbasis in der vorliegenden Arbeit aus den nachfolgenden Gründen nicht realisierbar.

Die bis zu 50 Jahre alte Prozesstechnik der Wärmebehandlungsanlagen mit diskret aufgebauten Steuerungen und Regelungen sowie die Verwendung von Spezialrechnern als Stand-Alone-Lösung machte eine interaktive Verknüpfung und Dialogorientierung mit neuesten Systemen der künstlichen Intelligenz unmöglich. Des Weiteren sollten nicht direkt überwachte und geregelte Einflussgrößen der Wissensbasis, wie beispielsweise der Sauerstoffgehalt während der Voroxidation (vgl. Kapitel 4.2.1.3), mit erfasst werden. Darüber hinaus existierten zum Zeitpunkt der Arbeit keinerlei für einen automatischen Wissenserwerb erforderliche, qualitativ verwertbare Beispielfälle mit entsprechenden Lösungen von Stördiagnosen im Bereich der Einsatzhärtung, sondern lediglich implizit vorliegendes Erfahrungswissen einiger weniger Wärmebehandlungsexperten [PUPP 01].

Aufgrund der guten Strukturierbarkeit des hauptsächlich heuristisch vorliegenden impliziten Wissens in Form von "Wenn..., dann..."-Regeln stellte die Verwendung eines bewährten, auf Diagnostik ausgerichteten wissensbasierten Systems die optimale Lösung für die vorliegende Problemstellung dar. Daher sollen diese Systeme im Folgenden näher beschrieben werden.

2.2 Grundlagen wissensbasierter Systeme

2.2.1 Künstliche Intelligenz

Die Künstliche Intelligenz (KI) ist ein Teilgebiet der Informatik, welches sich mit der Erarbeitung von Grundlagen der Wissensverarbeitung und ihrer Anwendung in wissensbasierten Systemen beschäftigt [CURT 91, ENGE 96]. In der Literatur finden sich die unterschiedlichsten Ansätze zur Definition der Künstlichen Intelligenz (KI). Nachfolgend sind zwei dieser Ansätze dargestellt. Die klassische Definition:

„Artificial Intelligence is the science of making machines do things that would require intelligence if done by men. " [MINS 75]

Eine jüngere Definition aus der Enzyklopädie des Brockhaus:

„Künstliche Intelligenz: Interdisziplinärer Zweig der Informatik, der sich mit der Nachbildung formalisierbarer Aspekte des menschlichen Denkens und Erkennens befasst sowie mit deren Nutzbarmachung für Problemlösungen, die Intelligenzleistungen voraussetzen. Neben der Informatik prägen Ergebnisse aus Mathematik und Logik, Kognitionswissenschaften, Psychologie, Neurologie, Linguistik und Philosophie den interdisziplinären Charakter der künstlichen Intelligenz." [NN 05]

Das Forschungsgebiet der Künstlichen Intelligenz unterteilt sich in mehrere Forschungs- und Entwicklungsgebiete, von denen die wichtigsten hier dargestellt sind [BIBE 94, BOHR 03, GÖRZ 93, GUT 91, MERT 93, REIF 00, SCHO 93]:

- Sprachverarbeitung

- Bilderkennung, -verarbeitung

- Kognitive Systeme

- Strategische Spiele

- Robotik

- Deduktionssysteme/ Theorembeweise

- Wissensbasierte Systeme

Zwar haben wissensbasierte Systeme in ihrer Anfangszeit eher bescheidene Erfolge verbuchen können, dennoch stellten sie die erste industriell umsetzbare Anwendung aus dem Bereich der Künstlichen Intelligenz dar. Aus diesem Grund zählen sie zu den am weitesten verbreiteten Teilgebieten der KI, was zahlreiche Forschungs- und Industrieprojekte bestätigen [GABR 92, PFEI 93, PUPP 87, NEUM 94].

2.2.2 Definition von wissensbasierten Systemen

In diversen Literaturquellen [BULL 89, CURT 91, KOLL 91, MERT 93, NEUM 89, PAHL 90, SCHM 86], darunter auch das Standardwerk über Expertensysteme „Expertensysteme in der Praxis" von Harmon und King [HARM 89], werden die beiden Termini 'Expertensysteme' bzw. 'wissensbasierte Systeme' als Synonyme verwendet. Hingegen wird in anderen Quellen aufgezeigt, dass Expertensysteme eine Untergruppe von wissensbasierten Systemen, einem selbstständigen Teilgebiet der künstlichen Intelligenz, darstellen und unter dem Begriff jegliche wissensspeichernde, -verarbeitende oder -transportierende Systeme vereint werden [ENGE 96, ZIEG 93].

Aufgrund einer übersteigerten und damit nicht erfüllten Erwartungshaltung gegenüber der Leistungsfähigkeit der frühen Expertensysteme in den 50er Jahren werden mit der Bezeichnung negative Erinnerungen assoziiert [CURT 91, ENGE 96, LENZ 90]. Um dies zu vermeiden und um den weiterentwickelten Systemen sowie den mittlerweile adäquaten Erwartungshaltungen gerecht zu werden, soll in der vorliegenden Arbeit nachfolgend der Begriff 'wissensbasierte Systeme' verwendet werden.

In der Literatur existiert eine Reihe von Definitionen für wissensbasierte Systeme, welche sich zwar in der Formulierung teilweise unterscheiden, bezügliche ihrer Aussage jedoch sehr ähneln [COY 89, FUHR 90, GEVA 85, HOFF 90, PUPP 87, SCHM 86, VDI 92]. Unter diesen wurden eine altbewährte, allgemein formulierte Definition und eine für die Aufgabenstellung der vorliegenden Arbeit passende Definition ausgewählt und nachfolgend dargestellt:

Die Definition von Edward Feigenbaum der Stanford University:

„... ein intelligentes Computerprogramm, das Wissen und Inferenzverfahren (Schlußfolgerungsverfahren) benutzt, um Probleme zu lösen, die immerhin so schwierig sind, dass ihre Lösung ein beachtliches menschliches Fachwissen erfordert. Das auf diesem Niveau benötigte Wissen in Verbindung mit den verwendeten Inferenzverfahren kann als Modell für das Expertenwissen der versiertesten Praktiker des jeweiligen Fachgebietes angesehen werden." [FEIG 83]

Die Begriffserklärung von Joachim Schormann:

„Der Experte findet die Lösung unter Anwendung seiner Erfahrungen, seines Grundwissens und den vorliegenden Informationen über das aktuelle Problem. Ein Expertensystem versucht das menschliche Problemlösungsverhalten durch Schlussfolgerungen in geeigneter Weise nachzubilden." [SCHO 93]

In Anlehnung an Gottlob [GOTT 90] und Curth [CURT 91] werden für die Initiierung eines Projektes zur Entwicklung bzw. Einführung eines wissensbasierten Systems die folgenden Motivationsgründe genannt:

- Überlastung des Experten aufgrund der Anzahl an Routineaufgaben

- Überlastung des Experten aufgrund der Komplexität der Anforderungen

- Örtliche Verfügbarkeit des Experten (zu geringe Anzahl an Experten bzw. gefährliche oder schwer zugängliche Einsatzumgebung)

- Sicherung des Wissens, um einen Verlust bei Ausscheiden des Experten aus dem Unternehmen zu vermeiden

- Fehlervermeidung durch standardisierte Prozesse

- Schulungsinstrument für Auszubildende

- Optimierung der Qualität eines Produktes durch zusätzliche Lieferung des zugehörigen Expertenwissens

2.2.3 Architektur wissensbasierter Systeme

Seit den 60er Jahren haben sich wissensbasierte Systeme ausgehend von höheren Programmiersprachen (z.b. LISP), welche sehr flexibel, jedoch auch sehr zeitaufwendig waren, über Entwicklungsumgebungen (z.b. PROLOG, OPS 5) – umfangreiche Softwarepakete mit vorprogrammierten Standardvorgängen – hin zu Shells wissensbasierter Systeme (z.b. EMYCIN) entwickelt. Shells sind wissensbasierte Systeme ohne Wissensbasis und stellen hierbei die höchstentwickelten Werkzeuge dar, bei denen für die Entwicklung wissensbasierter Systeme keinerlei Programmierkenntnisse erforderlich sind. Viele der älteren Shells waren sehr unflexibel und nur für bestimmte Anwendungsgebiete geeignet. Modernere Shells hingegen sind zunehmend offener gestaltet und für mehrere Problemlösungstypen einsetzbar [BECH 91, CURT 91, HARM 89, HART 90].

Das wichtigste Merkmal zur Unterscheidung wissensbasierter Systeme von konventionellen Programmen ist die strikte Trennung der beiden Hauptbestandteile der Software: das bereichsunabhängige Steuersystem (Shell) und die anwendungsspezifische Wissensbasis. Auf diese Weise ist die Verwendung einer Shell mit verschiedenen Wissensbasen möglich [ENGE 96, PUPP 87, SCHO 93]. Der allgemeine Aufbau eines wissensbasierten Systems ist in Bild 2.4 dargestellt.

Das Steuersystem setzt sich hierbei aus den folgenden, generalisierbaren Komponenten zusammen [BOHR 03, CURT 91, PUPP 87, SCHO 93, WATE 86]:

- Die Akquisitionskomponente (auch Wissenserwerbskomponente) dient dem Experten zur Implementierung und späteren Wartung der formalisierten Wissensbasis in einem interaktiven Dialog. Der spezielle Struktureditor gibt dem Benutzer dabei ein Schema mit fester Syntax und Semantik für die Eingabe des Wissens vor, damit dieses vom System erkannt werden kann. Häufig erfolgt die Wissensakquisition dabei mit Hilfe grafischer Werkzeuge.

- Über die Interviewerkomponente (auch Dialogkomponente) werden die Daten durch den Benutzer in das System eingegeben, bzw. können die Daten aus einer Datei oder von Messgeräten ausgelesen werden.

- Mit Hilfe der Erklärungskomponente können die durch die Problemlösungskomponente erstellten Diagnosen aus Benutzersicht nachvollzogen (z.B. zur Plausibilitätskontrolle) und aus Sicht des Experten überprüft werden (z.B. zur Fehleranalyse).

- Die Problemlösungskomponente (auch Inferenzmaschine, -motor, -komponente, -apparat oder Schlussfolgerungsmechanismus genannt) enthält den Inferenzmechanismus zur Nachbildung der menschlichen Problemlösungsstrategie und stellt damit die wichtigste Komponente einer Shell dar. Sie steuert den Dialog mit dem Benutzer und wendet die bereichsspezifische Wissensbasis auf die von ihm eingegebenen fallspezifischen Daten an, um entsprechende Inferenzen, d.h. Schlussfolgerungen, zu ziehen und Lösungsmöglichkeiten zu identifizieren. Des Weiteren ist sie für die Überprüfung und Ergänzung der Wissensbasis um neue Daten zuständig.

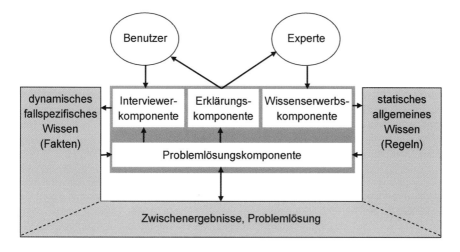

Bild 2.4: **Architektur wissensbasierter Systeme nach [CURT 91] basierend auf [PUPP 86].**

Beim zweiten Hauptbestandteil des wissensbasierten Systems, der Wissensbasis, können die folgenden drei Bereiche unterschieden werden [KARR 87]:

- Das statische, d.h. sich während einer Konsultation nicht ändernde, domänenspezifische Wissen der Experten.

- Das dynamische, d.h. vom Benutzer eingegebene fallspezifische Faktenwissen

• Die Zwischen- und Endergebnisse, welche während einer Diagnose durch das System über die Problemlösungskomponente hergeleitet werden.

Die Komponenten, aus denen das in der Wissensbasis verwendete statische Wissen der Experten aufgebaut ist, werden in der Literatur sehr unterschiedlich beschrieben [BEET 87, GOTT 90, LASK 89, RICH 92, THUY 89]. Hier soll die Darstellung von Harmon und King [HARM 89] verwendet werden. Das Wissen setzt sich aus „Fakten" und „Heuristiken" zusammen. „Fakten" sind eine öffentlich zugängliche Menge an Informationen (bspw. Grundprinzipien, Axiome, Gesetze), welche von den Experten eines Bereiches akzeptiert werden. „Heuristiken" hingegen repräsentieren eine Sammlung von persönlichen, selten diskutierten Erfahrungen und Regeln (Regeln für Schlussfolgerungen, Faustregeln), welche Entscheidungsfindungen im entsprechenden Bereich auf Expertenniveau charakterisieren. Mit ihrer Hilfe kann die Suche in Problemräumen eingeschränkt bzw. reduziert werden. Heuristiken garantieren jedoch im Unterschied zu Algorithmen nicht die richtige Lösung.

2.2.4 Möglichkeiten der Wissensmodellierung

Die Formalisierung und Strukturierung des Expertenwissens, um dieses in der Wissensbasis nachbilden zu können, wird Wissensmodellierung oder auch Wissensrepräsentation genannt. Hierfür stehen fünf unterschiedliche Repräsentationsformen zur Verfügung, welche exemplarisch in Tabelle 2.4 dargestellt sind.

Bei in der Praxis verwendeten, meist komplexen Systemen hat sich die gleichzeitige Verwendung unterschiedlicher Modellierungsmethoden durchgesetzt, was durch hybride wissensbasierte Systeme unterstützt wird. Eine ausführlichere Erklärung und detaillierte Darstellung der Ansätze zur Wissensrepräsentation und -verarbeitung findet sich beispielsweise in [BIBE 93, NEBE 87, NEBE 89, HARM 89, PUPP 91].

Da Aussagen und Schlussfolgerungen der Heuristik meist mit Unsicherheit behaftet sind, stellt die Implementierung der Heuristiken der Experten in die Wissensbasis eines der Hauptprobleme bei der Entwicklung wissensbasierter Systeme dar. Daher müssen Wahrscheinlichkeiten oder sogenannte Unsicherheitsfaktoren, mit denen die Schlussfolgerungen zutreffen, jeweils mit angegeben werden. Mit Hilfe dieser auch sogenannten Konfidenzfaktoren (Certainity Factor, Confidence Factor, cf) können symbolisch repräsentierte Unsicherheiten – beispielsweise „fast", „beinahe", meistens" – in eine mathematisch verwertbare numerische Repräsentation überführt werden. Auf diese Weise ist die zahlenmäßige Einschätzung der Gewissheit eines Faktums oder einer Relation möglich. Die Skala der Konfidenzfaktoren reicht üblicherweise von -1, die vorliegende Tatsache ist eindeutig falsch, bis +1, die vorliegende Tatsache ist eindeutig richtig. In der Praxis erfolgt die Verwendung von Unsicherheitsfaktoren bei einem der wichtigsten Komponenten der Wissensrepräsentation, den (heuristischen) Regeln, insbesondere vor dem Hintergrund, dass die Leistungsfähigkeit wissensbasierter Systeme maßgeblich davon beeinflusst wird [GOTT 90, HARM 89].

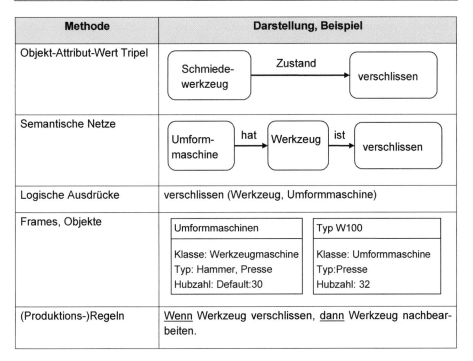

Methode	Darstellung, Beispiel
Objekt-Attribut-Wert Tripel	Schmiedewerkzeug → Zustand → verschlissen
Semantische Netze	Umformmaschine → hat → Werkzeug → ist → verschlissen
Logische Ausdrücke	verschlissen (Werkzeug, Umformmaschine)
Frames, Objekte	Umformmaschinen — Typ W100 Klasse: Werkzeugmaschine / Klasse: Umformmaschine Typ: Hammer, Presse / Typ:Presse Hubzahl: Default:30 / Hubzahl: 32
(Produktions-)Regeln	<u>Wenn</u> Werkzeug verschlissen, <u>dann</u> Werkzeug nachbearbeiten.

Tabelle 2.4: Ansätze zur Wissensrepräsentation in Anlehnung an [SCHO 93].

2.2.5 Anwendungsgebiete wissensbasierter Systeme

Nach Puppe [PUPP 87] eignen sich wissensbasierte Systeme generell für alle Anwendungsgebiete, bei denen zur erfolgreichen Problemlösung die Anwendung heuristischen Wissens erforderlich ist. Hierbei lassen sich zwei grundlegende Problemklassen für wissensbasierte Systeme unterscheiden [CURT 91, KARB 90]:

Analytische Problemlösung: Basierend auf den Eingaben werden Lösungen selektiv aus einer bestehenden Lösungsmenge identifiziert. Hierbei ist die begrenzte und verhältnismäßig geringe Anzahl von potentiellen Lösungen für diese Problemklasse charakteristisch.

Synthetische Problemlösung: Beim synthetischen Problemlösen wird, im Gegensatz zum analytischen Problemlöseverfahren, eine vorher nicht bekannte Lösung aus Bausteinen konstruiert.

Durch eine zunehmende Entwicklung in der Geschichte wissensbasierter Systeme von dem „General Problem Solver" hin zu problemspezifischen Ansätzen, wurden passende Lösungsansätze für verschiedene Problemtypen erforderlich [RUSS 95]. Daher wurde die dargestellte grobe Unterscheidung der Problemklassen entsprechend der in den wissensbasierten Systemen verwendeten Repräsentations- und Inferenztechniken weiter untergliedert [PUPP 91]:

Problemtyp	Erläuterung
Interpretation	Beschreibung einer Situation auf der Basis von Mess-/ Sensordaten (z.b. Eingrenzung von Hoch- und Tiefdruckgebieten bei der Wettervorhersage)
Diagnostik[2]	Ableitung von Systemfehlern und Ursachenerkennung aufgrund von Beobachtungen (z.B. medizinische Diagnosen)
Überwachung	Vergleich von Ist- und Sollwerten (z.b. Patienten Monitoring: Abgleich der Patientenwerte mit Sollwerten => Alarm bei Abweichung)
Steuerung	Ähnlich wie die Überwachung, jedoch werden selbstständig Handlungen ausgelöst, um die Abweichung vom Sollwert zu beseitigen (z.b. Patienten Monitoring).
Design	Konfiguration von Objekten nach vorgegebenen Bedingungen (z.b. Herstellung organischer Moleküle in der Chemie)
Planung	Gestaltung einer Aktionsfolge zur Erreichung eines Zielzustandes (z.b. Erstellung eines Reparaturplans bei einem Maschinenschaden)
Vorhersage	Erschließung wahrscheinlicher Konsequenzen aufgrund gegebener Situationen (z.b. Schätzung des Bedarfes an Rohöl in Zukunft aufgrund der aktuellen geopolitischen Situation)

Tabelle 2.5: Allgemeine Problemlösungstypen wissensbasierter Systeme nach [PUPP 91].

Andere Einteilungen der Problemlösungstypen finden sich in [GUT 91, HAYE 83, MERT 93].

Die aufgezeigten Problemlösungstypen können einer der beiden zuvor dargestellten Problemklassen zugeteilt werden. So werden die Diagnose, Überwachung, Steuerung und Vorhersage der analytischen Problemlösung zugeordnet, während Design und Planung den Charakter der synthetischen Problemklasse besitzen [KARB 90].

Da sich die Problemlösungsstrategien der in Tabelle 2.5 aufgelisteten unterschiedlichen Problemtypen sehr ähneln, ist laut [PUPP 91] eine diesbezügliche Einteilung in die folgenden drei Strategietypen sinnvoll:

---

[2] Da die Begriffe Diagnostik und Diagnose in der Literatur gleichbedeutend verwendet werden, soll dies für die vorliegende Arbeit gleichermaßen gelten.

Diagnose: Die Wiedererkennung eines bekannten Musters, beispielsweise eines An-lagenfehlers oder Krankheitsbildes, ist das Ziel der Diagnose. Hierbei wird aus einer definierten Menge von Alternativen die entsprechende Lösung identifiziert. In [PUPP 87] wird „Diagnostik ... auch als Kunst bezeichnet, mit unsicherem Wissen und unvollständigen Daten eine sichere Diagnose zu stellen."

Konstruktion: Die Lösung wird bei der Konstruktion aus kleinen Bausteinen zusammen-gesetzt. Aufgrund einer zu großen Anzahl an Kombinationsmöglichkeiten ist eine Auswahl einer Lösung aus einer Menge vorgegebener Alternativen nicht möglich. Beispielsweise kann bei der automatisierten Programmie-rung nicht einfach ein Programm ausgewählt werden. Das wissensbasier-te System erfragt gezielt Fakten zur Aufgabenstellung, um die notwendi-gen Module miteinander kombinieren zu können, bis die Aufgabenstellung erfüllt ist.

Simulation: Bei der Simulation wird im Gegensatz zur Diagnostik und Konstruktion kein vorgegebenes Ziel verfolgt, sondern die möglichen Folgezustände ei-nes Ausgangszustandes aufgezeigt.

Bei Harmon und King werden die Problemlösungsstrategien als „Beratungsparadigmen" bezeichnet und anstelle der Begriffe 'Konstruktion' und 'Simulation' 'Planung' und 'Entwurf' verwendet [HARM 89].

Da diagnostisches Problemlösen zu den erfolgreichsten Anwendungsbereichen wissens-basierter Systeme zählt und das Lösen diagnostischer Probleme einen Schwerpunkt die-ser Arbeit ausmacht, wird nachfolgend eine weitere Untergliederung diagnostischer Sys-teme nach der Art ihres verwendeten Wissens dargestellt [PUPP 87]:

- statistische Diagnoseprogramme

- modellbasierte Diagnosesysteme

- assoziative (heuristische) Diagnosesysteme

Statistische Ansätze behandeln in erster Linie Probleme zur Bewertung von Diagnosen mit unsicheren Daten. Werden die entsprechenden statistischen Voraussetzungen erfüllt, wei-sen die Systeme eine hohe Objektivität vor. Jedoch ist die Erklärungsfähigkeit eher gering, da sie sich grundlegend vom Vorgehen der Experten unterscheiden.

Modellbasierte Diagnosesysteme basieren auf kausalem Ursache-Wirkungs-Wissen, d.h. dass eine Störung bestimmte Symptome bedingt. Im eigentlichen Diagnostikprozess wer-den die Auswirkungen einer vermuteten Störung simuliert, um eine Erklärung für die be-obachten Symptome zu finden.

Assoziative Diagnosesysteme bestehen im Gegensatz zu modellbasierten Diagnosesys-temen aus Symptom-Diagnose-Assoziationen und basieren auf Erfahrungswissen statt auf statistisch ausgewerteten Daten, wie dies bei den statistischen Systemen der Fall ist. Ein wesentlicher Vorteil dieser Diagnosesysteme ist das breite Anwendungsspektrum aufgrund der Möglichkeit, sämtliche Aspekte des diagnostischen Problemlösens abbilden zu können. Da Experten über eine Vielzahl an Assoziationen zwischen Symptomen und Diagnosen verfügen, können sie diagnostische Routineprobleme innerhalb kürzester Zeit lösen. Diese Assoziationen können durch Produktionsregeln (vgl. Tabelle 2.4) in einfacher Weise dargestellt werden. Die Zuverlässigkeit der Regeln kann kategorisch, probabilistisch, d.h. mit einer bestimmten Wahrscheinlichkeit oder durch Nennung von Ausnahmen ausgedrückt werden.

2.3   Qualitätsprobleme in der Wärmebehandlung

Während der Einsatz wissensbasierter Diagnosesysteme zur Unterstützung in unterschiedlichen wissensintensiven Bereichen bereits weit verbreitet ist [HÖRL 07, PUPP 01, RAUN 01, WEID 05], existieren im komplexen Bereich der Wärmebehandlung bisher noch keine Ansätze zu diesem Thema. Die wesentlichen Gründe für den Bedarf eines derartigen Systems sollen nachfolgend dargestellt werden.

2.3.1 Einsatzhärten

Einsatzstähle (DIN EN 10084) kommen in mechanisch hochbeanspruchten Anwendungsbereichen, wie beispielsweise dem Maschinenbau, der Automobil- und Luftfahrtindustrie, zum Einsatz. Da Komponenten aus Einsatzstahl meist in Form von Zahnrädern und Wellen in Getrieben verwendet werden (Bild 2.5), müssen sie hohen Verschleißbelastungen und zugleich schwingenden Beanspruchungen standhalten [DIN 08, HOCK 02].

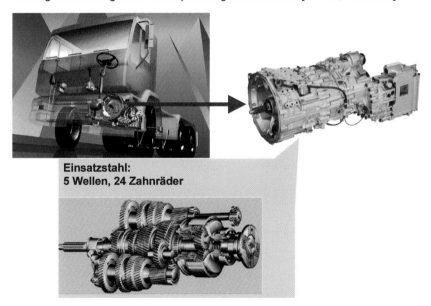

Bild 2.5:   Automatisches 16-Ganggetriebe für schwere LKW und Busse als
               Beispiel für das Anwendungsfeld von Einsatzstählen [HOCK 02].

Um diesen Anforderungen zu genügen, sind eine hohe Festigkeit und Härte an der Oberfläche sowie eine gute Zähigkeit im Kern der Bauteile erforderlich. Zur Realisierung dieser mechanischen Eigenschaften werden die Komponenten nach dem Formgebungsprozess einsatzgehärtet [GIES 05, LIED 07].

Nach DIN EN 10052 wird Einsatzhärten definiert als: „Thermomechanisches Behandeln eines Werkstückes im austenitischen Zustand zum Anreichern der Randschicht mit Kohlenstoff, der dann im Austenit in fester Lösung vorliegt. Das aufgekohlte Werkstück wird anschließend gehärtet (unmittelbar oder nach Wiedererwärmen)" [DIN 94].

Beim Direkthärten schließt sich das Härten unmittelbar an das Aufkohlen an, während bei den alternativen Verfahren das Härten nach einer vorgelagerten langsamen Abkühlphase erfolgt und dadurch mit einem erneuten, sowohl kosten- als auch zeitintensiven Erwärmen verbunden ist. Das Direkthärten stellt aufgrund der kürzesten Behandlungsdauer die wirtschaftlichste und auch meist verbreitete Variante der verschiedenen Einsatzhärteverfahren dar [DIN 89, DIN 94, LIED 07].

Beim Aufkohlungsprozess wird allgemein zwischen gasförmigen, flüssigen oder festen Medien als Kohlenstoffspender unterschieden. Aufgrund einer schnelleren Aufkohlung bzw. einer besseren Umweltverträglichkeit hat sich das Gasaufkohlen jedoch zunehmend gegenüber dem Pulver- bzw. Salzbadaufkohlen durchgesetzt und soll an dieser Stelle detaillierter dargestellt werden [ECKS 87, LIED 02].

Die technologische Abfolge der einzelnen Arbeitsgänge Aufkohlen, Härten und Anlassen ist in Bild 2.6 dargestellt.

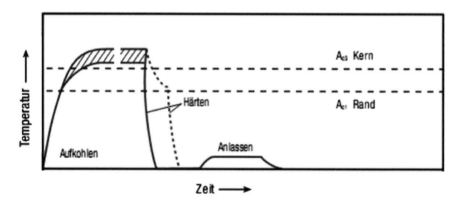

Bild 2.6:   **Grafische Darstellung der Temperatur-Zeit-Folge beim Einsatzhärten (Direkthärten) [DIN 89, DIN 94, LIED 07].**

Für eine maximale Löslichkeit des Eisens für Kohlenstoff wird der Aufkohlungsprozess im Temperaturbereich des homogenen Austenits (kfz-Gitterstruktur) durchgeführt. Dieser liegt für Einsatzstähle je nach Kohlenstoffgehalt zwischen 880°C und 980°C (oberhalb der A_{C3}-Temperatur) [BLEC 01, DIN 08].

Während des Aufkohlens erfolgt eine Abnahme der Konzentrationsdifferenz an Kohlenstoff zwischen dem Kohlenstoffträger und dem zu behandelnden Werkstoff infolge von Diffusion. Diese erfolgt über Fehlstellen im Eisengitter und entlang der Korngrenzen im Gefüge. Hierbei wird die Diffusionsgeschwindigkeit durch die Konzentrationsdifferenz des Kohlenstoffs zwischen Werkstückrand und -kern entsprechend des 1. Fick'schen Gesetzes beeinflusst: [FICK 55, GOTT 01, LIED 07]

$$J = -D\frac{\partial c}{\partial x} \qquad\qquad \textbf{Formel 2.1}$$

mit:
J = Teilchenstromdichte
c = Konzentration
x = Wegkoordinate
D = Diffusionskoeffizient

Der Diffusionskoeffizient ist nicht konstant, sondern von der Konzentrationsdifferenz und der Temperatur abhängig. Dies kann über den modifizierten Arrhenius-Ansatz beschrieben werden [HEUM 92]:

$$D = D_0 \cdot e^{-\frac{Q}{kT}} \cdot \phi(x_c) \qquad\qquad \textbf{Formel 2.2}$$

mit:
D_0 = Diffusionskonstante
Q = Aktivierungsenergie zur Diffusion
T = Temperatur
k = Boltzmann-Konstante
$\phi(x_c)$ = Konzentrationseinfluss

Bei einer Erhöhung der Temperatur bzw. einer Verringerung der Aktivierungsenergie steigt der Diffusionskoeffizient. Damit stellt die Temperaturerhöhung eine effektive Möglichkeit zu einer signifikanten Prozesszeitverkürzung dar. Die Abhängigkeit des Diffusionskoeffizienten und damit der Aufkohlungstiefe von der Temperatur und der Aufkohlungsdauer ist in Bild 2.7 veranschaulicht. Aufgrund der Gefahr von Kornwachstum im Austenit bei höheren Temperaturen und der damit einhergehenden Verschlechterung der mechanischen Eigenschaften ist diese Maßnahme zur Steigerung der Wirtschaftlichkeit jedoch nicht ohne weiteres umsetzbar [GRAB 97, LIED 08, TRUT 08, SCHÜ 90].

Das Abschrecken der aufgekohlten Bauteile erfolgt häufig in Öl- bzw. Polymerbädern. Hierbei ist das Überschreiten der kritischen Abschreckgeschwindigkeit sowie das definierte Unterschreiten der Grenztemperatur M_S zum Erreichen der erforderlichen Härteanforderungen durch Martensitbildung wesentlich. Gleichzeitig sollte der Abschreckvorgang zur Minimierung des Verzuges so mild wie möglich erfolgen. Da dünnwandige, großflächige Teile, wie z.B. Tellerräder, aufgrund ihrer Geometrie verzugsempfindlicher sind, werden diese oft in sogenannten Härtepressen zwangsgehärtet [GIES 05].

Bei allen Einsatzhärteverfahren kann anschließend an das Härten eine Anlassbehandlung durchgeführt werden. Hierzu wird der Werkstoff auf eine Temperatur unterhalb von A_{C1} erwärmt und nach einer kurzen Haltezeit (ca. 1 bis 2 Stunden) wieder abgekühlt. Durch eine Verringerung der nach dem Abschrecken erzeugten thermodynamischen Instabilität wird ein stabileres und weniger sprödes Martensitgefüge eingestellt. Dadurch werden die Zähigkeitseigenschaften sowie die Maßstabilität bei einer gleichzeitigen Festigkeitsabnahme verbessert [BLEC 01, GIES 05].

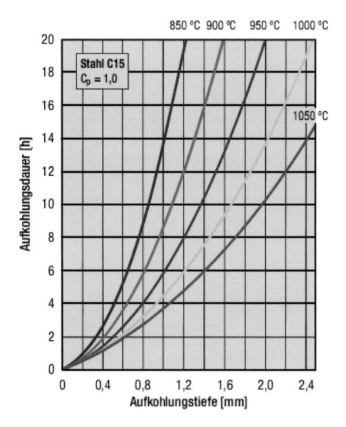

Bild 2.7: Zusammenhang zwischen Aufkohlungstiefe, Aufkohlungstemperatur und -dauer [LIED 08].

Im Unterschied zum herkömmlichen Gasaufkohlen werden beim Niederdruckaufkohlen mit Hochdruckgasabschreckung die Chargen bei niedrigen Drücken (> 10 mbar) bzw. unter Stickstoffatmosphäre auf Aufkohlungstemperatur erwärmt. Anschließend wird der gasförmige Kohlenstoffspender in die evakuierte Kammer eingeleitet, wodurch ein hoher Kohlenstoffmassenstrom erreicht und die Randschicht sehr schnell aufgekohlt wird. Der Abschreckprozess erfolgt mittels Helium, Stickstoff oder Wasserstoff bei Drücken von 5 bis 20 bar. Da Evakuierungs-, Erwärm-, Aufkohlungs-, Abkühl- und Abschreckkammer durch vakuumdichte und temperaturfeste Türen voneinander getrennt sind, ist eine hochpräzise Prozessführung möglich. Auf diese Weise können bei der Niederdruckaufkohlung äußerst homogene Aufkohlungsergebnisse bei deutlich optimierten Maß- und Formänderungen der Bauteile erreicht werden [ALTE 01, GRAF 07].

2.3.2 Stördiagnose bei Qualitätsabweichungen in der Wärmebehandlung

Der Wärmebehandlungsprozess verursacht nach der Grünteilfertigung (38%) bei der Herstellung von Zahnrädern für den Getriebebau mit 25% die meisten Kosten (vgl. Bild 2.8).

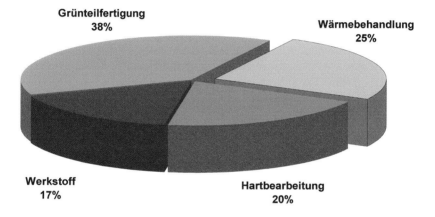

Bild 2.8:   **Verteilung der Kosten bei der Zahnradfertigung am Beispiel eines Stirnrades mit 350 mm Durchmesser [HIPP 05].**

Wie zuvor bereits dargestellt, ist der Prozessschritt Aufkohlen das Segment mit dem größten Zeitanteil bei der Einsatzhärtung und ist, insbesondere vor dem Hintergrund steigender Energiekosten, ein bedeutender Kostenfaktor. Durch die Kombination der einzelnen Prozessschritte – Voroxidation, Aufkohlen, Zwischenglühen, Härten, Waschen, Anlassen – liegt die Gesamtprozessdauer deutlich oberhalb von 12 Stunden. Vor dem Hintergrund der Wirtschaftlichkeit wird die Wärmebehandlung von Serienteilen daher meist in kontinuierlichen Durchlauföfen bzw. Drehherdanlagen oder vollautomatisierten Mehrkammeranlagen durchgeführt, wodurch eine gleichzeitige Behandlung von mehreren hundert bis tausend Teilen im 3-Schicht Betrieb ermöglicht wird [DIN 89, GIES 05, TRUT 08].

Zwar sind kontinuierliche vollautomatische Wärmebehandlungsanlagen aufgrund ihres Durchsatzvermögens wirtschaftlich sinnvoll, jedoch wird bei Abweichungen von Prozessparametern in der Wärmebehandlung die Qualität einer großen Anzahl von Bauteilen gleichzeitig beeinträchtigt. Durch die vorherigen Bearbeitungsschritte sowie den Materialeinsatz, welche entsprechend Bild 2.8 55% der Herstellungskosten ausmachen können, entstehen im Fall von nicht nacharbeitsfähigen Qualitätsabweichungen enorme Ausschusskosten. Des Weiteren kann der Erfolg einer Korrektur der potentiell verursachenden Wärmebehandlungs- bzw. Anlagenparameter aufgrund der vorher dargestellten langen Durchlaufzeiten der Bauteile erst nach mehreren Stunden überprüft werden.

Durch Qualitätsprobleme bedingte Anlagenstillstände, welche sich aus der Zeit für die Stördiagnose, der Reparaturdauer der identifizierten Störungsursache und der anschließenden fixen Anlaufdauer der Anlage zur Produktion qualitativ einwandfreier Bauteile zusammensetzen, werden weitere Unkosten hervorgerufen [BÄUR 05]. Abgesehen von einigen Möglichkeiten, wie beispielsweise optimierten Ersatzteilbeständen, standardisierten Reparaturprozessen etc. zur Reduzierung der Instandsetzungsdauer, birgt hierbei die Diagnosedauer das größte Optimierungspotential.

Aus diesen Gründen können mit einer effektiven und effizienten Stördiagnose im Bereich de Einsatzhärtens die Ausschuss- und Nacharbeitskosten verringert und gleichzeitig die realen Kapazitäten der Wärmebehandlungsanlagen durch eine Reduktion der Stillstandszeiten erhöht werden. Die Wirtschaftlichkeit und Wettbewerbsfähigkeit des Prozesses können somit deutlich gesteigert werden.

Trotz der zuvor dargestellten Argumente für eine idealisierte Vorgehensweise erfolgen Stördiagnosen im Bereich der Wärmebehandlung in der Praxis größtenteils suboptimal.

Der Fachbereich der Wärmebehandlung an sich beinhaltet eine ausreichende Komplexität und erfordert ein sehr spezielles Fachwissen. Darüber hinaus besteht für eine umfassende Diagnose die Notwendigkeit der Vernetzung des über die Ingenieurbereiche der Werkstoffkunde, der Wärmebehandlungstechnik und der Anlagentechnik fragmentiert vorliegenden Fachwissens.

Durch die enorm große Anzahl an potentiell für eine Abweichung der Qualitätskennwerte ursächlichen Wärmebehandlungs- und Anlagenparameter sowie die Wechselwirkungen der Einflussgrößen untereinander stellt zunächst die vollständige Berücksichtigung sämtlicher Parameter einen wesentlichen Erfolgsfaktor der Stördiagnose dar. Hierbei müssen nicht nur direkt geregelte Prozessparameter, wie Temperatur oder Prozessdauer, in Betracht gezogen werden, sondern auch indirekte, nicht überwachte Einflussgrößen wie beispielsweise der Sauerstoffgehalt im Voroxidationsprozess.

Für die anschließende Überprüfung der identifizierten Faktoren ist die richtige Priorisierung vor dem Hintergrund, dass bei der Kontrolle bestimmter Anlagenparameter die Wärmebehandlungsanlagen über mehrere Stunden zunächst abgekühlt und später wieder langsam aufgeheizt werden müssen, von essentieller Bedeutung. Bei der Priorisierung ist es darüber hinaus erforderlich, entsprechend der vorliegenden Qualitätsabweichungen variierende Unsicherheiten bzw. Wahrscheinlichkeiten bezüglich der Einflussstärke der Wärmebehandlungs- und Anlagenparameter auf die Qualitätsparameter zu berücksichtigen. Zudem verursachen Korrekturen divergierender, jedoch für die Qualitätsabweichung nicht ursächlicher Parameter, insbesondere aufgrund der langen Durchlaufzeiten bei Durchstoßanlagen, einen enormen Zeitverlust und damit unnötige Anlagenstillstände.

Aufgrund des zuvor dargestellten kontinuierlichen Betriebs der Wärmebehandlungsanlagen ist die Verfügbarkeit des benötigten Fachwissens zu jeder Zeit erforderlich. Das zur Stördiagnose in der Wärmebehandlung erforderliche Wissen ist weder in der Literatur umfassend dokumentiert noch in unterstützenden Systemen als Handlungsempfehlung hinterlegt, sondern lediglich implizit bei einigen wenigen Experten als Erfahrungswissen vorhanden. Damit richtet sich die Güte der Stördiagnose nach der jeweiligen Qualität des Wissens der verfügbaren Spezialisten und kann sehr unterschiedlich ausfallen bzw. die Konsultation von externen Koryphäen erforderlich machen. Derzeit existiert keine explizite standardisierte Systematik zur Vorgehensweise bei Qualitätsabweichungen in der Wärmebehandlung. Dadurch ist eine kontinuierliche Optimierung und Erweiterung dieser entsprechend nicht möglich.

3 Zielsetzung und Aufgabenstellung

Aufgrund der vorherigen Ausführungen ist ersichtlich, dass ein Wissensmanagement (-system) in wissensintensiven Bereichen, vor dem Hintergrund des intensivierten Wettbewerbs und dem Wandel zu einer Wissensgesellschaft, einen Produktionsfaktor mit zunehmender Bedeutung darstellt. Insbesondere in einem Nischenbereich wie der Stördiagnose beim Einsatzhärten mit hochspezialisiertem Fachwissen, welches bisher lediglich in Form von auf Produktionsregeln basierenden Heuristiken als implizites, unstrukturiertes Erfahrungswissen vorliegt, ist die Organisation des Wissens unter wirtschaftlichen Gesichtspunkten zwingend.

Das Ziel dieser Arbeit ist es daher, eine präventive Behebung von Qualitätsdrifts sowie eine präzise Beseitigung von Qualitätsabweichungen mittels einer maximal effektiven und effizienten Stördiagnose zu ermöglichen und damit die Zeit- und Kostenaufwendungen für den Bereich der Einsatzhärtung zu reduzieren. Des Weiteren soll das hierzu erforderliche Know-how über ein wissensbasiertes System jederzeit ortsunabhängig in einer standardisierten Form zur Verfügung gestellt werden und die entsprechenden Experten in der täglichen Praxis unterstützen. Durch eine zentrale Speicherung sollen darüber hinaus ein Wissensverlust vermieden sowie eine kontinuierliche Erweiterung und Optimierung der normierten Vorgehensweise ermöglicht werden. Da es sich bei dieser Arbeit um eine praxisnahe Forschungsarbeit in der Betriebshärterei der BMW AG in Dingolfing handelt, sollen als Einsatzhärteverfahren das Gasaufkohlen mit anschließender Ölbad- sowie Härtepressenabschreckung und das Niederdruckaufkohlen mit anschließendem Gasabschrecken betrachtet werden.

Um die Vorgehensweise der Experten bei einer Stördiagnose nachbilden und eine standardisierte optimale Methode zur Problembehebung bei Qualitätsproblemen beim Einsatzhärten entwickeln zu können, soll zunächst ein Projektteam mit Mitgliedern aus der Forschung in den Bereichen Werkstofftechnik und Wärmebehandlung, der Anlagentechnik für Gas- als auch Niederdruckaufkohlen sowie der industriellen Endanwendung zusammengestellt werden. Bei der Externalisierung der impliziten Wissensbereiche der Werkstoff-, Wärmebehandlungs- und Anlagentechnik zu einer Stördiagnoseontologie sollen sämtliche Abhängigkeiten zwischen den einzelnen Parametern zuerst qualitativ erfasst und anschließend entsprechend der denkbar vorliegenden Qualitätsabweichungen im Sinne einer idealisierten Vorgehensweise priorisiert werden.

Auf diese vereinheitlichte und äußerst effektiv gestaltete Diagnosesystematik aufbauend soll durch die Berücksichtigung der Größe der Abweichungen der Bauteilqualitätsparameter die Heuristik um quantitative Abhängigkeiten erweitert und hinsichtlich der Effizienz optimiert werden. Dies soll über empirische Untersuchungen in Form von Simulationen und Versuchen mit veränderten Wärmebehandlungsparametern an den unterschiedlichen Härteanlagen der Serienfertigung erfolgen. Darüber hinaus soll ein verbesserter Auswertealgorithmus bezüglich der Priorisierung der für die Qualitätsdrifts potentiell ursächlichen Parameterabweichungen zur weiteren Effizienzsteigerung entwickelt werden.

Zur nachhaltigen Sicherung und uneingeschränkten Nutzung der erstellten Wissensbasis soll über eine Marktstudie eine adäquate Software identifiziert werden, welche die in einem zuvor erstellten Lastenheft definierten Anforderungen erfüllt. Der Möglichkeit, die Heuristik durch eine Bewertung der Präzision der systemseitig vorgeschlagenen Vorgehensweise nach erfolgreicher Behebung der Qualitätsabweichung kontinuierlich optimieren sowie statistische Auswertungen über die durchgeführten Diagnosen erstellen zu können, sollen hierbei, neben einer erforderlichen Anwenderfreundlichkeit des Systems, besondere Aufmerksamkeit geschenkt werden. Nach einer abschließenden Migration der Wissensbasis in die Software soll diese in der Fertigung über Schulungen und einen definierten Prozessablauf integriert werden.

4 Modellierung der wissensbasierten Stördiagnose

Eine systematische und standardisierte Vorgehensweise, bei der nach Möglichkeit sämtliche potentielle Einflussgrößen berücksichtigt werden, ist bei einer Stördiagnose, wie in Kapitel 2.3.2 vorgestellt, eine wesentliche Voraussetzung für eine effiziente Fehlerbehebung und der damit verbundenen Vermeidung unnötiger Ausschuss- und Nacharbeitskosten. Für den komplexen Bereich der Wärmebehandlung existieren bislang lediglich verschiedenartige Modelle als Erfahrungswissen einiger Experten. In diesem Kapitel wird zunächst das erfahrungsbasierte Modell der Experten und anschließend die angewendete Methodik zur Erfassung und nachfolgenden Erweiterung dieses Erfahrungswissens für den Bereich des Einsatzhärtens vorgestellt. Hierbei wurde bei den Prozessen Gasaufkohlen mit Ölabschreckung und Niederdruckaufkohlen mit Gasabschreckung identisch vorgegangen. Aus diesem Grund wird auf eine separate Betrachtung verzichtet.

Wegen der Abhängigkeit der Auswahlkriterien für die spätere Software des wissensbasierten Systems von der Konstellation und dem Umfang der nachfolgend erstellten Wissensbasis, sollte zunächst ein Programm zur Wissensakquisition und vorübergehenden Wissensspeicherung bestimmt werden. Vor dem Hintergrund der Zusammenarbeit mit unterschiedlichen Projektteilnehmern wurde die Software nach folgenden Kriterien ausgewählt:

- Minimale Einarbeitszeit der Anwender in das Programm

- Äußerst flexible Verwaltung größerer Datenmengen

- Geringer Speicherplatzbedarf – Datenaustausch mit Projektpartnern via Email

- Hohe Kompatibilität zu anderen Programmen

- Vermeidung von Investitionskosten (erweiterte Standardausstattung eines Rechners)

Aufgrund einer nicht zu vernachlässigenden Einarbeitszeit und einem problematischeren Austausch erstellter Daten mit den Projektpartnern waren grafische Wissenserwerbswerkzeuge wie *CLASSIKA*, ein Vorläufersystem von D3 [PUPP 96] oder das kostenlos von der Universität Stanford verfügbare *Protégé*[3] für diese Aufgabenstellung ungeeignet. In die engere Auswahl kamen die Programme Access und Excel des Herstellers Microsoft. Da jedoch Microsoft Excel in der Bedienbarkeit einfacher und die Benutzung bei den Anwendern weitaus vertrauter ist, wurde sich für dieses Programm entschieden.

---

[3] http://protege.stanford.edu/

4.1 Stördiagnoseverlauf in der Wärmebehandlung

In Kapitel 2.3.2 wurden die Auswirkungen von Bauteilqualitätsabweichungen in der Wärmebehandlung bereits beschrieben. Um diese Folgen zu minimieren, sind die jeweiligen Wärmebehandlungsunternehmen bestrebt, die ursächlichen und fehlerhaften Parameter möglichst effizient und effektiv aus einer Reihe potentieller Möglichkeiten identifizieren zu können. Hierzu sind erfahrene Spezialisten aus den Bereichen der Werkstoff-, Wärmebehandlungs- und Anlagentechnik erforderlich. Deren individuelles Modell bei der Ursachenanalyse, die so genannte Heuristik, soll nachfolgend auszugsweise am Beispiel des Einsatzhärtens näher erläutert werden.

Entsprechend ihres Grundlagen- und Erfahrungswissens können sich die Stördiagnosen der Experten hinsichtlich Vorgehensweise und Vollständigkeit stark unterscheiden. Aus diesem Grund soll für die nachfolgenden Betrachtungen von einer idealen Vorgehensweise und einem vollständigen Erfahrungswissen ausgegangen werden, da die Abbildung dieser als Ziel des wissensbasierten Stördiagnosesystems angesetzt wird.

Basierend auf den Angaben der qualitätsprüfenden Stelle (z.B. Metallographielabor) über Abweichungen der Qualitätsparameter an Bauteilen nach einer erfolgten Wärmebehandlung ist der zuständige Experte bestrebt, die potentiell ursächlichen Fehleinstellungen der Wärmebehandlungsparameter durch ein systematisches Abfragen von weiteren Qualitätskennwerten einzugrenzen (vgl. Bild 4.1). Tritt die Qualitätsabweichung beispielsweise nicht über die komplette, sondern lediglich in einem definierten Bereich der Charge auf, sind mit großer Wahrscheinlichkeit andere Wärmebehandlungsparameter für die Divergenz verantwortlich. Darüber hinaus stellen mögliche Abweichungen zusätzlicher Qualitätsmerkmale wichtige weitere Indizien für die Einschränkung der möglichen Störungsursachen dar. Die anschließende Priorisierung der möglichen Fehleinstellungen von Wärmebehandlungsparametern erfolgt entsprechend dem Erfahrungswissen des jeweiligen Fachmannes.

Da die Fehleinstellungen der Wärmebehandlungsparameter wiederum durch Abweichungen von Anlagenparametern verursacht werden, muss sichergestellt werden, dass sich die jeweiligen Anlageneinstellungen innerhalb ihrer Toleranz befinden. Differenzen beim eingestellten Sollwert, der Messgenauigkeit der Thermoelemente, der Funktion der Temperaturregelung sowie der Heizung stellen beispielsweise anlagenseitige Einflussgrößen auf eine Abweichung der Aufkohlungstemperatur dar. Die Priorisierung der diversen in Frage kommenden Anlagenparameter erfolgt durch den Anlagenexperten analog zur Vorgehensweise des Wärmebehandlungsexperten auf Basis seines impliziten Erfahrungswissens unter Verwendung von Wahrscheinlichkeiten. Die abschließende Überprüfung der identifizierten Parameter an der Wärmebehandlungsanlage erfolgt durch die Instandhaltung bzw. Anlagenbediener entsprechend nachfolgendem Schema:

1) Überprüfung der Anlagenparameter, die einen Einfluss auf die am höchsten priorisierten Wärmebehandlungsparameter besitzen; beginnend mit Anlagenparametern höchster und im Laufe der Untersuchung absteigender Priorität.

2) Die Bauteilqualität ist nach der Identifizierung und Behebung des fehlerhaften Anlagenparameters:

   a) wieder in Ordnung => Stördiagnose beendet.

   b) nicht in Ordnung => mehrere fehlerhafte Anlagenparameter sind für das Qualitätsproblem verantwortlich. Die Stördiagnose wird fortgesetzt bis das Qualitätsproblem behoben ist.

3) Überprüfung der am zweithöchsten priorisierten Wärmebehandlungsparameter bzw. der entsprechenden Anlagenparameter, wenn kein den am höchsten priorisierten Wärmebehandlungsparameter beeinflussender Anlagenparameter als fehlerhaft identifiziert werden konnte. Erneute Kontrolle der jeweiligen Anlagenparameter mit absteigender Priorität. Unterschiedliche Wärmebehandlungsparameter können von gleichen Anlagenparametern beeinflusst werden, jedoch werden diese selbstverständlich nur einmal kontrolliert.

4) Weisen die Anlagenstörungen des zweithöchstpriorisierten Wärmebehandlungsparameters und auch der anderen, geringer priorisierten Wärmebehandlungsparameter keinerlei Auffälligkeiten auf, muss das Qualitätsproblem außerhalb der Wärmebehandlung begründet sein. In diesem Fall wird nach werkstoffkundlichen Auffälligkeiten gesucht.

5) Prüfung der Prozesskette (von der Stahlherstellung über die Umformung und Zerspanung bis hin zum Reinigen und Schützen der Bauteile) nach potentiellen Störquellen durch den Werkstoffexperten. Mögliche Ansatzpunkte sind hierbei die Werkstoffhomogenität, die Härtbarkeit oder Fertigungseinflüsse.

6) Wurden keine Ursachen identifiziert, liegt die Störung für das Bauteilqualitätsproblem außerhalb des heutigen Wissensstandes.

7) Durch Versuche (Trial and Error) werden neue Erkenntnisse generiert, welche anschließend in das Erfahrungswissen übergehen (analog zum bereits in Kapitel 2.1.2 beschriebenen Prozess des Wissensmanagements).

Diese am Beispiel des Einsatzhärtens allgemein dargestellte Heuristik der Fachleute bei der Stördiagnose besitzt für andere Wärmebehandlungsverfahren gleichermaßen Gültigkeit. Lediglich die Priorisierungen und die Parameter der einzelnen Wissensbereiche unterscheiden sich je nach betrachtetem Wärmebehandlungsverfahren.

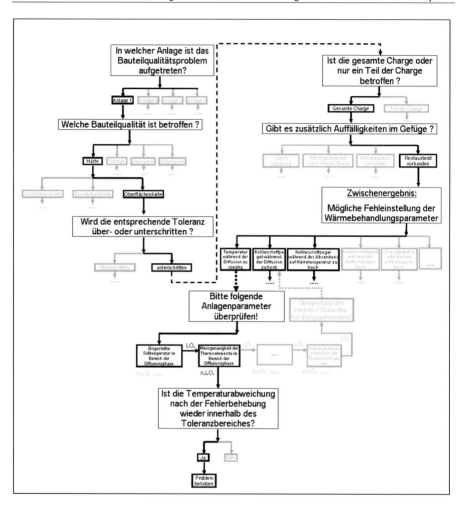

Bild 4.1: Exemplarische Vorgehensweise eines Wärmebehandlungs-/ Anlagenexperten bei einer Störddiagnose.

4.2 Abbildung der Ontologie zur Stördiagnose

Um Expertenwissen wie das zuvor dargestellte zu formalisieren, werden im Bereich der künstlichen Intelligenz formallogische Repräsentationsformalismen verwendet. Hierbei hat sich die Verwendung sogenannter Ontologien durchgesetzt [LAUT 05]. Entsprechend den Definitionen aus der Literatur unterscheidet sich der Anspruch der mit der Verwendung des Begriffes einhergeht [FENS 01, GRUB 93, USCH 96, WIEL 93]. Im Rahmen der vorliegenden Arbeit soll der Begriff Ontologie entsprechend der folgenden, allgemein gehaltenen Definition für die Domäne der Stördiagnose in der Einsatzhärtung verwendet werden [SWAR 96]:

„…eine hierarchisch strukturierte Menge von Ausdrücken zur Beschreibung einer Domäne, die als Grundgerüst für eine Wissensbasis dienen kann".

Hierbei setzt sich die Ontologie aus einer hierarchischen Anordnung von Elementen einer Klasse (Taxonomie), in diesem Fall unterschiedlichen Parametern, und qualitativen Abhängigkeiten zwischen den Elementen in Form von heuristischen Regeln zusammen. Mit dem Ziel, sowohl die im vorherigen Kapitel dargestellte Heuristik der Fachleute als auch die spezifischen Parameter der einzelnen Wissensbereiche erschließen zu können, wurden diverse Praktiken der Wissensakquisition angewendet. Hierbei wurde in einem ersten Schritt zunächst eine sogenannte Grundheuristik ohne die Priorisierung der einzelnen Elemente erstellt. In einem zweiten Schritt wurde diese Grundheuristik um die entsprechende Priorisierungsmethodik erweitert. Wie hierbei vorgegangen wurde, soll nachfolgend näher erläutert werden.

4.2.1 Erstellung der Grundheuristik und Taxonomie

Um die allgemeine Vorgehensweise der Stördiagnose in Form von Heuristiken und Taxonomien einerseits und die den jeweiligen Wissensbereichen spezifischen Parameter andererseits aus Gründen der Übersichtlichkeit und besseren Handhabbarkeit einfacher erfassen zu können, wurde sie, analog zu Kapitel 4.1, in die drei Teilontologien Wärmebehandlungs-, Anlagen- und Herstellungsontologie untergliedert. Zur weiteren Vereinfachung wurden zunächst die Grundheuristiken, d.h. die qualitativen Abhängigkeiten zwischen den Parametern der jeweiligen Fachgebiete, ohne die entsprechenden Priorisierungen erfasst.

Als Quellen für die Erfassung der Grundheuristiken und Taxonomien wurden Fachliteratur, aktuelle Qualitätsmeldungen aus der Serienproduktion und umfangreiche Expertenbefragungen herangezogen. Da insbesondere die qualitativen Abhängigkeiten als Erfahrungswissen in Form von Heuristiken hinterlegt sind, stellte die Erfassung und Externalisierung dieses impliziten Wissens, vgl. Kapitel 2.1.2, einen wesentlichen Erfolgsfaktor dar. Daher wurde ein Expertenteam aus den drei Bereichen:

- Forschung:
  die Stiftung Institut für Werkstofftechnik Bremen (IWT)

- Anlagenherstellung:
  die Firmen ALD Vacuum Technologies GmbH (ALD) und AICHELIN Ges.m.b.H. Heat Treatment Systems (Aichelin)

- Industrieller Endanwendung:
  die Firma BMW AG (BMW)

gebildet. Um einerseits die zukünftigen Anwender des späteren Stördiagnosesystems von Anfang an in den Entstehungsprozess mit einzubeziehen und andererseits von dem vielfältigen Erfahrungswissen profitieren zu können, wurden seitens BMW Mitarbeiter aus den Bereichen Technologieentwicklung, Planung, Instandhaltung, Fertigung und Qualitätssicherung involviert. Hierbei wurde jeweils darauf geachtet, dass die qualifiziertesten und erfahrensten Mitarbeiter der entsprechenden Abteilung ausgewählt wurden.

Vor dem Hintergrund das spätere Stördiagnosesystem nicht nur reaktiv sondern auch präventiv nutzen zu können, wird der Begriff „Bauteilqualitätsprobleme" in dieser Arbeit nicht nur für Fälle, bei denen die Messwerte der Qualitätsparameter außerhalb der Toleranzgrenze liegen, verwendet, sondern ebenfalls für Situationen, in denen die Werte lediglich vom sonst üblichen Mittelwert der Qualitätsparameter abweichen (Drifts) und damit eventuell in Zukunft ein akutes Qualitätsproblem darstellen können.

4.2.1.1 Anlagenübersicht

Mit dem Ziel, bei allen Projektteilnehmern das gleiche Prozess- bzw. Anlagenverständnis zu gewährleisten, wurde, bevor mit der Aufnahme der Teilontologien begonnen wurde, ein funktionales Anlagenlayout erstellt. Dies wurde anhand einer Anlagenübersicht mit Darstellung der unterschiedlichen Prozessschritte und ihren jeweiligen geregelten Prozessparametern sowie der Positionierung der dazugehörigen Mess- und Regelelemente realisiert und ist beispielhaft mit der zugehörigen Legende in Bild 4.2 dargestellt. Um die Prozess- und Anlagenkenntnis bei internen Mitarbeitern zu verbessern, wurden die Anlagen- und dazugehörigen Parameterübersichten nachfolgend auch als internes Regeldokument für die entsprechenden Prozesse verwendet.

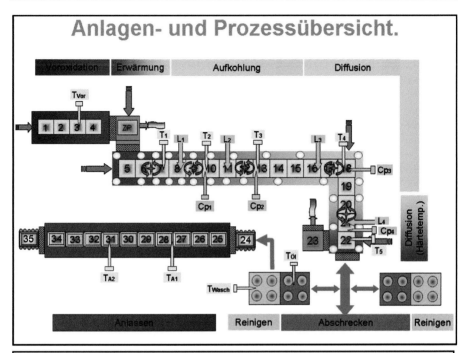

Bild 4.2:   Prozesstafel mit Legende.

4.2.1.2 Bauteilqualitätsprobleme

Bevor mit der eigentlichen Erfassung der möglichen Fehleinstellungen der Wärmebehand-lungsparameter begonnen werden konnte, war die Definition der zu betrachtenden, poten-tiell fehlerhaften Bauteilqualitätsparameter erforderlich. Zur systematischen Erfassung der unterschiedlichen Qualitätsparameter wurde zunächst eine Taxonomie, vgl. Kapitel 4.2, bestehend aus den Klassen Qualitätskategorie, (Bauteil-)Qualitätsparameter und qualitati-ve Ausprägung der Qualität erstellt.

Den einzelnen Klassen wurden nachfolgend jeweils Elemente zugeordnet. Vor dem Hin-tergrund des späteren Serieneinsatzes des Stördiagnosesystems wurden die im Bereich der Einsatzhärtung durch die Qualitätssicherung standardmäßig überwachten Qualitätska-tegorien – Härte, Gefüge, Geometrie und Oberflächenzustand – mit den zugehörigen Bau-teilqualitäten, z.B. Einsatzhärtungstiefe, Restaustenitanteil, Konkavität der Planfläche etc, ausgewählt. Des Weiteren wurden, vor allem in Hinblick auf das Gefüge, Qualitätsparame-ter festgelegt, welche erst in einer Folgeuntersuchung mit dem Ziel der weiteren Eingren-zung möglicher Wärmebehandlungsursachen analysiert werden. Beispielhaft können hier der Kohlenstoffgehalt im Gefüge oder der Grobkornanteil genannt werden. Zusätzlich wur-den die Qualitätsparameter entsprechend ihrer jeweiligen Toleranzgrenzen um qualitative Ausprägungen ergänzt. Die Einsatzhärtungstiefe kann beispielsweise entweder die Aus-prägung „zu hoch" oder „zu niedrig" besitzen, während der Zementitgehalt lediglich als „zu hoch" beanstandet werden kann. Somit sind insgesamt 32 unterschiedliche Kombinatio-nen von Bauteilqualitätsproblemen und ihrer Ausprägungen möglich. Diese sind nachfol-gend in Tabelle 4.1 dargestellt:

Klassen		
Qualitätskategorie	Qualitätsparameter	qualitative Ausprägung
Härte	Einsatzhärtungstiefe	zu hoch
		zu niedrig
	Oberflächenhärte	zu hoch
		zu niedrig
	Zahnfußkernhärte	zu hoch
		zu niedrig
Gefüge	Ferrit-/ Perlitanteil	zu hoch
	Martensitanteil	zu hoch

	Klassen	
Qualitätskategorie	**Qualitätsparameter**	**qualitative Ausprägung**
	Martensitanteil	zu niedrig
	Restaustenitanteil	zu hoch
	Zementitanteil	zu hoch
Gefüge - Fortsetzung	Kohlenstoffanteil	zu hoch
		zu niedrig
	Grobkornanteil	zu hoch
	Anteil Randoxidation	zu hoch
	Anteil nicht martensitischer Randschicht	zu hoch
	Zahndickenabweichung	zu hoch*
	Eingriffswinkelabweichung	zu hoch*
	Konkavität der Planfläche (nur TR)	zu hoch*
Geometrie	Konvexität der Planfläche (nur TR)	zu hoch*
	Planlauffehler der Planfläche (nur TR)	zu hoch*
	Rundheitsfehler der Bohrung (nur TR)	zu hoch*
	Innendurchmesser der Bohrung (nur TR)	zu groß
		zu klein
	blaue Oxidationsschicht	zu hoch**
Oberflächenzustand	Härterisse	zu hoch**
	Kalkrückstände	zu hoch**

Der linke Tabellenrand trägt die vertikale Beschriftung **Elemente**.

Klassen		
Qualitätskategorie	**Qualitätsparameter**	**qualitative Ausprägung**
Oberflächenzustand - Fortsetzung	Korrosion	zu hoch**
	Ölrückstände	zu hoch**
	Pigmentrückstände	zu hoch**
	Reste einer Oxidationshaut	zu hoch**
	Rußbelag	zu hoch**
	Reinigungsrückstände	zu hoch**

(Die linke Spalte ist als Klassenbezeichnung **Elemente** vertikal beschriftet.)

*   Bei der Geometrie bezieht sich die qualitative Ausprägung „zu hoch" jeweils nicht auf die relative, sondern auf die absolute Abweichung von der Toleranzbreite, d.h. lediglich der Betrag und nicht die Richtung der Abweichung ist entscheidend für die Stördiagnose.

**   Da bei der Qualitätskategorie „Oberflächenzustand" keine Toleranzwerte existieren, ist mit der Ausprägung „zu hoch" jeweils eine verstärkte Ausprägung der entsprechenden Bauteilqualität gemeint.

Tabelle 4.1: Klassen und Elemente der Taxonomie der Bauteilqualitätsprobleme

Um unterschiedliche Varianten für identische Elemente einer Klasse zu vermeiden, wurden die Begriffe der einzelnen Elemente standardisiert und anhand von Auswahllisten hinterlegt. Dies wurde in Excel über die Definition von Gültigkeitskriterien realisiert und ist in Bild 4.3 exemplarisch dargestellt.

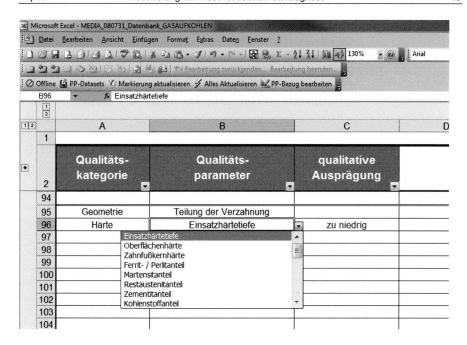

Bild 4.3:   Standardisierung der betrachteten Elemente durch Gültigkeitskriterien in Excel

4.2.1.3 Wärmebehandlungsontologie

Analog zur Vorgehensweise bei den Bauteilqualitätsproblemen wurde für die möglichen Fehleinstellungen der Wärmebehandlungsparameter ebenfalls zunächst eine Taxonomie erstellt. Eine hierarchische Gliederung erfolgte anhand der Klassen: Prozess (z.B. Gasaufkohlen), Anlage (z.B. Gasaufkohlen mit Pressenhärtung), Prozessschritt (z.B. Aufkohlen), Prozessparameter (z.B. Temperatur) und qualitative Parameterausprägung (z.B. zu niedrig). Aufgrund abweichender, anlagenspezifischer Wärmebehandlungsprozesse und unterschiedlicher Prozessschritte (Ölbad/ Härtepresse), wurde die Wärmebehandlungsanlage hier als eine separate Klasse definiert. Die Zuordnung der einzelnen Elemente zu den jeweiligen Klassen erfolgte gemeinsam mit der Erfassung der qualitativen Abhängigkeiten zwischen den Bauteilqualitätsproblemen und den möglichen Fehleinstellungen der Wärmebehandlungsparameter.

Um den zeitlichen Aufwand für die externen Projektpartner gering zu halten, wurden zunächst in BMW-internen Workshops, durch Brainstorming und fachliche Austauschgespräche die in den unterschiedlichen Prozessschritten denkbaren Fehleinstellungen der Wärmebehandlungsparameter erfasst. Diese wurden im Anschluss über heuristische Regeln um die jeweiligen beeinflussten Bauteilqualitätsprobleme ergänzt. Hierbei wurde aus der

„Blickrichtung" der abweichenden Wärmebehandlungsparameter, z.B. die Aufkohlungstemperatur ist zu niedrig, überlegt, zu welchen Bauteilqualitätsproblemen, z.B. einer zu niedrigen Einsatzhärtungstiefe, dies führen kann. Auf diese Weise brauchten je Fehleinstellung eines Wärmebehandlungsparameters im Durchschnitt lediglich drei bis fünf Bauteilqualitätsprobleme identifiziert werden, anstelle von mehreren hundert Fehleinstellungen von Wärmebehandlungsparametern je Bauteilqualitätsproblem. Zwar war die „Blickrichtung" eine der späteren Stördiagnose entgegengesetzte, da es sich jedoch um konditionale Abhängigkeiten zwischen den Parametern handelt, konnten die Blickrichtungen als gleichwertig angesehen werden. Diese Vorgehensweise ist nachfolgend in Bild 4.4 dargestellt.

Ausgehend von der Voroxidation bis hin zum abschließenden Anlassen wurden die heuristischen Regeln zwischen Fehleinstellungen der Wärmebehandlungsparameter und Bauteilqualitätsproblemen systematisch entlang der Prozesskette erfasst. Die werkstoffkundlichen Abhängigkeiten zwischen einzelnen Bauteilqualitätsproblemen wurden dabei jeweils mit aufgenommen. Hierbei handelte es sich meistens um die Verknüpfung von Qualitätsproblemen der Qualitätskategorie Härte mit Qualitätsparametern der Kategorie Gefüge. So ist zum Beispiel bei einem erhöhten Restaustenitanteil stets auch die Oberflächenhärte zu niedrig. Ein weiteres Beispiel stellt eine veränderte, also entweder zu hohe oder zu niedrige, Einsatzhärtungstiefe dar. Hier ändert sich aufgrund des veränderten Aufkohlungsprofils, welches den Grund für die Änderung der Einsatzhärtungstiefe darstellt, das Umwandlungsverhalten des Bauteils beim Abschreckvorgang und damit anschließend auch der Verzug.

Wie zuvor bei den Bauteilqualitätsproblemen, wurde auch hier mit Gültigkeitskriterien gearbeitet, um verschiedene Versionen gleicher Begriffe bei der Erfassung der Elemente der Fehleinstellungen der Wärmebehandlungsparameter zu vermeiden. Unter dem Aspekt der Übersichtlichkeit wurden die jeweiligen Prozessschritte durch entsprechend angelegte Gruppierungen in der Wärmebehandlungsparameterdatenbank strukturiert. Die zusätzliche Verwendung von Autofiltern stellte hierbei eine einfache Möglichkeit zur Sortierung bzw. Auswahl der Einträge nach individuell definierbaren Kriterien dar (Bild 4.5).

Die vorgestellte Vorgehensweise wurde für eine Niederdruckaufkohlungsanlage mit anschließender Gasabschreckung (inkl. Heliumrecycling), eine Anlage zum konventionellen Gasaufkohlen mit freier Ölabschreckung und zwei konventionellen Gasaufkohlungsanlagen mit Pressenhärtung durchgeführt. Bei den beiden letztgenannten Wärmebehandlungsanlagen mussten die qualitativen Abhängigkeiten lediglich für den Abschreck- und dem anschließenden Waschprozess neu erstellt werden. Die anderen Kombinationen zwischen Fehleinstellungen der Wärmebehandlungsparameter und Bauteilqualitätsproblemen wurden nach geringfügigen Anpassungen übernommen.

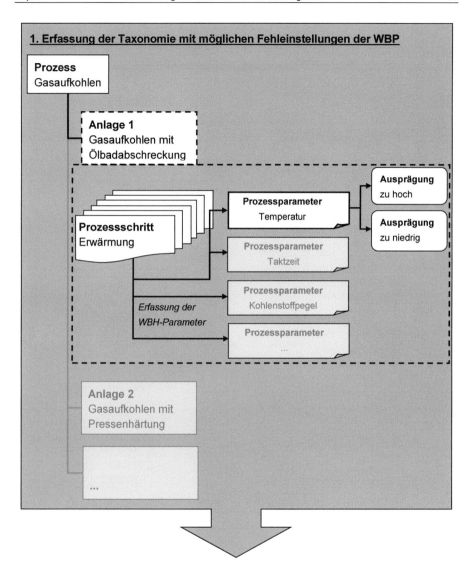

1. Erfassung der Taxonomie mit möglichen Fehleinstellungen der WBP

Prozess
Gasaufkohlen

Anlage 1
Gasaufkohlen mit
Ölbadabschreckung

Prozessschritt
Erwärmung

Prozessparameter
Temperatur

Prozessparameter
Taktzeit

Erfassung der
WBH-Parameter

Prozessparameter
Kohlenstoffpegel

Prozessparameter
...

Ausprägung
zu hoch

Ausprägung
zu niedrig

Anlage 2
Gasaufkohlen mit
Pressenhärtung

...

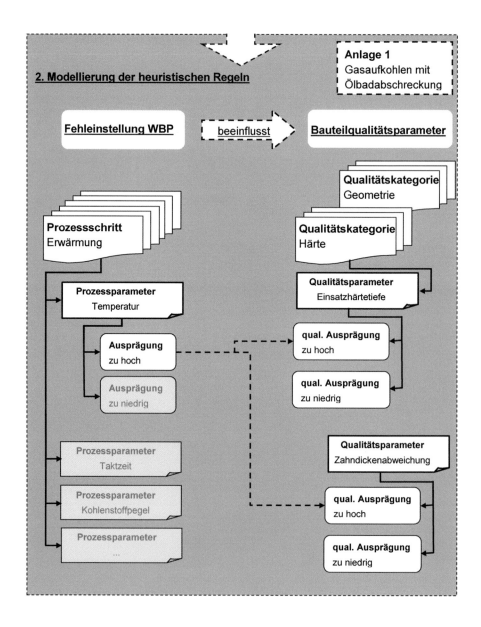

Bild 4.4:   Erfassung der Fehleinstellungen der Wärmebehandlungsparameter und deren Verknüpfung mit Bauteilqualitätsproblemen

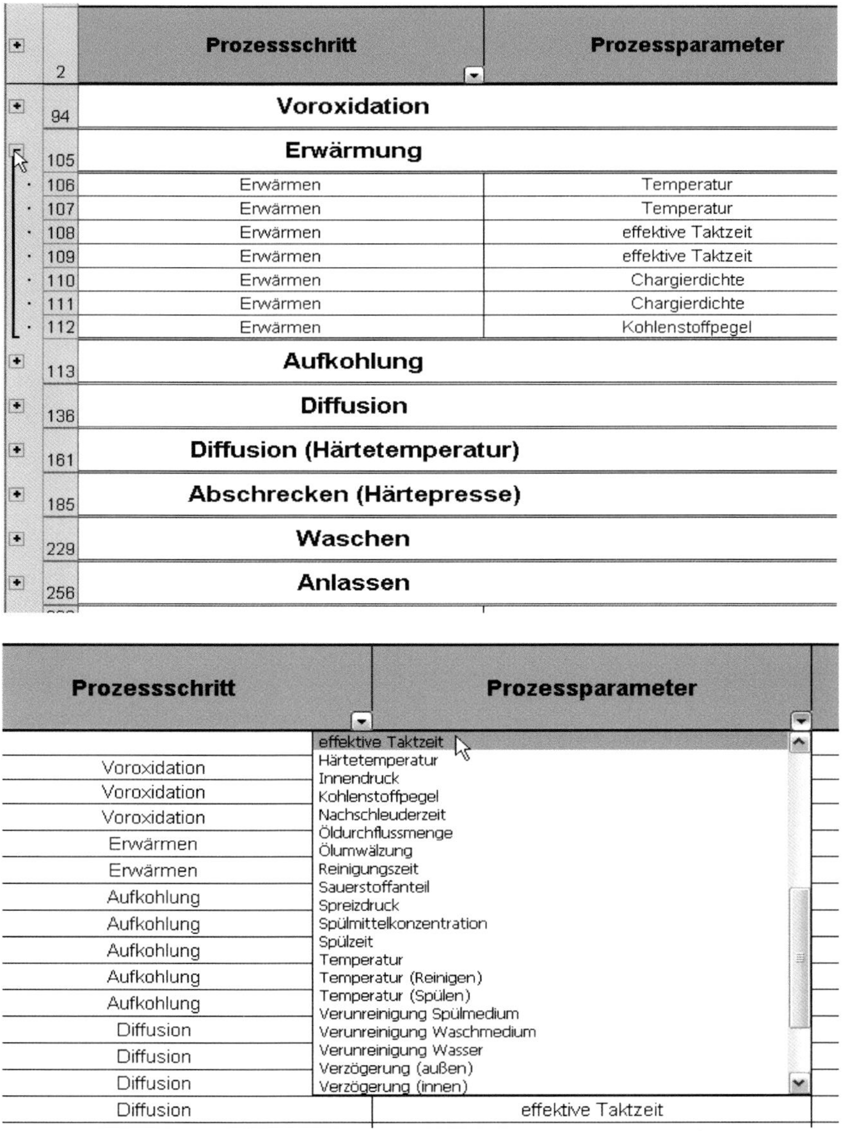

		Prozessschritt	Prozessparameter
[+]	2		
[+]	94	**Voroxidation**	
	105	**Erwärmung**	
•	106	Erwärmen	Temperatur
•	107	Erwärmen	Temperatur
•	108	Erwärmen	effektive Taktzeit
•	109	Erwärmen	effektive Taktzeit
•	110	Erwärmen	Chargierdichte
•	111	Erwärmen	Chargierdichte
•	112	Erwärmen	Kohlenstoffpegel
[+]	113	**Aufkohlung**	
[+]	136	**Diffusion**	
[+]	161	**Diffusion (Härtetemperatur)**	
[+]	185	**Abschrecken (Härtepresse)**	
[+]	229	**Waschen**	
[+]	256	**Anlassen**	

Prozessschritt	Prozessparameter
	effektive Taktzeit
Voroxidation	Härtetemperatur
Voroxidation	Innendruck
Voroxidation	Kohlenstoffpegel
	Nachschleuderzeit
Erwärmen	Öldurchflussmenge
Erwärmen	Ölumwälzung
Aufkohlung	Reinigungszeit
	Sauerstoffanteil
Aufkohlung	Spreizdruck
Aufkohlung	Spülmittelkonzentration
	Spülzeit
Aufkohlung	Temperatur
	Temperatur (Reinigen)
Aufkohlung	Temperatur (Spülen)
	Verunreinigung Spülmedium
Diffusion	Verunreinigung Waschmedium
Diffusion	Verunreinigung Wasser
	Verzögerung (außen)
Diffusion	Verzögerung (innen)
Diffusion	effektive Taktzeit

Bild 4.5: **Strukturierung durch Erstellung von Gruppierungen und Autofiltern in der Wärmebehandlungsparameterdatenbank**

Bei den möglichen Abweichungen der Wärmebehandlungsparameter wurden sowohl kontinuierlich geregelte, wie z.b. die Verweilzeit in der Aufkohlungszone der Niederdruckaufkohlung, als auch nicht geregelte Parameter, wie beispielsweise der Wasserdampfgehalt der Atmosphäre der gleichen Zone, erfasst. Insbesondere letztere werden bei der Ursachenanalyse von Bauteilqualitätsproblemen häufig übersehen, obwohl sie die Qualität gleichermaßen beeinflussen.

Zusätzlich zu den heuristischen Regeln zwischen Bauteilqualitätsproblemen und Fehleinstellung der Wärmebehandlungsparameter wurden fortwährend die werkstoffkundlichen bzw. wärmebehandlungstechnischen Hintergründe für diese qualitativen Abhängigkeiten stichwortartig erfasst. Auf diese Weise konnte sichergestellt werden, dass einerseits alle Projektbeteiligten jederzeit das gleiche Verständnis aufwiesen und andererseits die Anwender Lösungsvorschläge des späteren Diagnosesystems nachvollziehen können. Dieses erläuternde Expertenwissen entspricht der in Kapitel 2.2.3 dargestellten Architektur wissensbasierter Systeme der Erklärungskomponente.

In den folgenden fachlichen Austauschgesprächen mit den Projektpartnern wurden die bereits bestehenden Abhängigkeiten analog zu der bereits bei BMW verwendeten Vorgehensweise diskutiert bzw. ergänzt. Hierbei wurden mit ALD die Thematik Niederdruckaufkohlen, mit Aichelin die Thematik Gasaufkohlen und mit dem IWT beide Thematiken besprochen. Aufgrund einer nahezu ausnahmslosen Übereinstimmung der in den jeweiligen Austauschgesprächen aufgenommenen Abhängigkeiten konnte davon ausgegangen werden, dass die qualitativen Abhängigkeiten vollständig erfasst worden sind.

Im weiteren Projektverlauf wurden während des Produktionsprozesses sowohl neu aufgetretene Bauteilqualitätsprobleme als auch neue ursächliche Fehleinstellungen der Wärmebehandlungsparameter kontinuierlich erfasst und in der vorhandenen Datenbank ergänzt. Die erfassten möglichen Fehleinstellungen der Wärmebehandlungsparameter sind beispielhaft für eine Gasaufkohlungsanlage mit anschließender Pressenhärtung in Tabelle 8.1 (zur verbesserten Lesbarkeit der Arbeit befindet sich die Tabelle im Anhang) dargestellt. Die jeweiligen Kombinationen zwischen Bauteilqualitätsproblemen und Anlagenstörungen können aus Gründen der Geheimhaltung hier leider nicht dargestellt werden. Eine Anzahl von jeweils ca. 200 erfassten qualitativen Abhängigkeiten bei vier untersuchten Wärmebehandlungsanlagen soll zumindest den Umfang der erstellten Datenbank verdeutlichen.

An dieser Stelle sollen zwei wesentliche, in Tabelle 8.1 dargestellte und nicht selbsterklärende Fehleinstellungen der Wärmebehandlungsparameter kurz erläutert werden. Die „effektive Taktzeit" ist das Produkt aus Prozesstaktzeit und der Anzahl der Taktplätze des jeweiligen Prozessschrittes. Je nach Prozessschritt hat eine Veränderung der effektiven Taktzeit einen unterschiedlichen Einfluss auf die Bauteilqualität (Voroxidation ⇔ Aufkohlen). Des Weiteren wurde zwischen „Diffusion" und „Diffusion auf Härtetemperatur" unterschieden. In der erstgenannten wurde lediglich der Kohlenstoffpegel reduziert. In der letztgenannten wurde zusätzlich die Temperatur erniedrigt. Aus diesem Grund muss in beiden

Zonen mit unterschiedlichen qualitativen Abhängigkeiten und dadurch mit verschiedenen Auswirkungen auf die Bauteilqualität gerechnet werden.

4.2.1.4 Anlagenontologie

Zur Aufnahme der für die Fehleinstellungen der Wärmebehandlungsparameter ursächlichen Anlagenstörungen wurde, analog zum vorherigen Kapitel, zunächst eine Taxonomie bestehend aus den bereits definierten Klassen Prozess, Anlage und Prozessschritt und einer neuen Klasse Anlagenstörung (z.b. Thermoelement defekt) erstellt. Da das wesentliche Know-how der Anlagenspezialisten jedoch erst in einer detaillierteren Ebene zum Tragen kommt, wurde zusätzlich die der Anlagenstörung untergeordnete und äußerst umfangreiche Klasse Störungsursache gebildet. Beispielsweise wurde die Anlagenstörung „Heizung defekt" um die Störungsursachen

- defektes Gasventil

- defektes Sicherheitsventil

- defektes Luftventil

- Zündelektrode defekt

- defekter Gasfeuerungsautomat

- zentrales Verbrennungsluftgebläse defekt

- defekte Flammüberwachung

- defekte Brennerabsaugung

ergänzt. Somit wurden die zuvor eher allgemeinen Hinweise zur Störungsursache um wesentlich konkretere Anhaltspunkte ergänzt.

Zur Erfassung der einzelnen Elemente der jeweiligen Klassen und der qualitativen Abhängigkeiten zwischen den Abweichungen der Wärmebehandlungsparameter und der jeweiligen Anlagenstörung wurde aus Gründen der Übersichtlichkeit und Handhabbarkeit eine neue Anlagenparameterdatenbank erstellt. Aus dem gleichen Grund wurden die Gruppierungen und der Autofilter erneut verwendet. Entsprechend der Wärmebehandlungsparameterdatenbank, wurden auch hier Auswahllisten zur Standardisierung der Begriffe deklariert. Zusätzlich wurden neben den beiden neuen Spalten, der Anlagenstörung und der Störungsursache, jeweils eine zusätzliche Spalten eingefügt, um entsprechende Bemerkungen der Projektteilnehmer erfassen zu können. Die bereits erfassten möglichen Abweichungen der Wärmebehandlungsparameter wurden in die Anlagenparameterdatenbank eingetragen.

Zur Erfassung der Elemente der jeweiligen Klassen und der Erfassung der qualitativen Abhängigkeiten zwischen den Bauteilqualitätsproblemen und den möglichen Fehleinstellungen der Wärmebehandlungsparameter wurde eine Kombination aus Auswertung vorhandener Erfahrungswerte, Fehler-Möglichkeits-und-Einfluss-Analyse (FMEA) und Antizipierender Fehlererkennung angewendet.

Aufgrund der in der Praxis standardmäßigen Verwendung der FMEA-Methodik, der umfangreichen Erfahrungen im Umgang mit der Methode bei allen Projektbeteiligten und der Möglichkeit, auf bereits in der Vergangenheit durchgeführten FMEA aufzubauen, wurde diese Methode als „Basis-Werkzeug" ausgewählt. Vorbehalte gegenüber einer neuen Methode und eine umfangreiche Einarbeitungszeit konnten damit vermieden werden. Mit dem Ziel, die Vorgehensweise eines Anlagenexperten bei der Fehlersuche nachzubilden, wurde die FMEA-Methodik um die Auswertung von Erfahrungswerten ergänzt. Um hingegen zusätzlich potentielle, noch nicht aufgetretene Anlagenstörungen erfassen zu können, wurde die invertierte Fragestellung der Antizipierenden Fehlererkennung (AFE) angewendet. Bei diesem aus der TRIZ-Methode ausgegliederten Werkzeug werden mögliche Fehler nicht wie bei der FMEA gesucht, sondern Probleme bewusst erfunden [MOLL 07, TERN 98]. Diese Vorgehensweise stellte damit eine optimale Ergänzung zur konventionellen FMEA dar und soll nachfolgend genauer erläutert werden.

Entsprechend der standardisierten Methode einer FMEA und im Sinne einer strukturierten Vorgehensweise wurden zunächst das Ziel der FMEA und die Grenzen des zu betrachtenden Systems definiert. Ziel war die Identifizierung der unterschiedlichen Anlagenstörungen und Bedienfehler innerhalb der einzelnen Systemkomponenten der Niederdruck- und Gasaufkohlungsanlagen, welche zu einer Fehleinstellung der Wärmbehandlungsparameter und somit zu Bauteilqualitätsproblemen führen. Die jeweiligen Systemkomponenten sollten sich dabei innerhalb des Wärmebehandlungsprozesses befinden. Die Systemgrenzen stellten damit die Ein- und Auschargierung der Bauteile dar.

Die gemäß dem FMEA–Formblatt erstellten Systemelemente entsprachen den bereits vorhandenen Klassen der Taxonomie (schematische Darstellung in Bild 4.6). So stellten der im vorherigen Kapitel erfasste Wärmebehandlungsparameter mit den jeweiligen qualitativen Ausprägungen die Fehlerfolgen, die Anlagenstörung den eigentlichen Fehler und die Störungsursache die Fehlerursache dar. Da die Verwendung der Bezeichnung „Klassen" bereits durch die Erfassung der Wärmebehandlungsparameter bekannt ist und, wie in Kapitel 4.2 beschrieben, zur Erstellung von wissensbasierten Stördiagnosesystemen gebraucht wird, soll nachfolgend weiterhin dieser Begriff zur Bezeichnung verwendet werden.

Im Anschluss an die Erstellung der Systemstruktur wurden in der Risikoanalyse die bereits vorhandenen Fehleinstellungen der Wärmebehandlungsparameter jeweils um die Anlagestörungen und die entsprechenden Störungsursachen erweitert. Da es sich bei den schon mal aufgetretenen Anlagenstörungen bzw. Störungsursachen um implizites Wissen handelt, sollten vorhandene Erfahrungswerte externalisiert werden. Hierzu wurden als Quellen, wie zuvor bei der Erfassung der Fehleinstellungen der Wärmebehandlungsparameter, eine Literaturrecherche, die im laufenden Serienbetrieb identifizierten Störungsursachen und eine Befragung der jeweiligen Fachleute herangezogen. Um den zeitlichen Aufwand für die externen Projektteilnehmer wiederum gering zu halten, wurde zunächst das intern

vorhandene Erfahrungswissen erfasst. Hierzu wurden aufgrund der sehr anlagenspezifischen Themenstellung lediglich Mitarbeiter aus dem Bereich der Instandhaltung einge-
bunden. In einer systematischen Vorgehensweise entlang des Wärmebehandlungsprozesses wurde zu jeder einzelnen Fehleinstellung eines Wärmebehandlungsparameters ein
Brainstorming durchgeführt und die identifizierten Anlagenstörungen mit den Störungsursachen strukturiert in der Anlagenparameterdatenbank gespeichert.

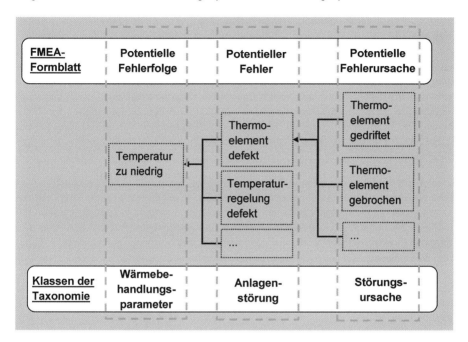

Bild 4.6:   **Gegenüberstellung Klassen der Taxonomie und Systemelemente aus
dem FMEA-Formblatt [PFEI 01].**

Um gleichzeitig potentielle, noch nicht aufgetretene Anlagenstörungen erfassen zu können, wurde die invertierte Fragestellung der Antizipierenden Fehlererkennung angewendet. Hierbei wurden theoretisch denkbare Störungen gesucht, welche möglicherweise
auch nur zu einer sehr geringen Abweichung des jeweiligen Wärmebehandlungsparameters führen. Dafür wurden die Systemkomponenten aus unterschiedlichen Sichtweisen
bzw. in unterschiedlichen Systemen betrachtet. Dies konnten elektrische oder mechani-
sche Systeme, die Medienversorgung über Leitungssysteme, Einflüsse der Umwelt (Temperatur, Druck, Jahreszeiten, ...), physikalische Effekte, Wartungs-/ Reinigungs-/ Kalib-
rierprozesse etc. sein. Auf diese Weise konnte beispielsweise der Fehler „defekte Ölküh-
lung", welcher als Fehlerfolge eine zu hohe Abschrecktemperatur im Prozessschritt Abschrecken verursacht, um die Störungsursachen: defekte Ölkühlerpumpe, verschmutzter

Wärmetauscher, Kühlwassermangel oder auch eine zu hohe Umgebungstemperatur ergänzt werden.

Sowohl bei den bereits aufgetretenen als auch den theoretisch denkbaren Anlagenstörungen kann unterschieden werden, ob die Abweichungen der Wärmebehandlungsparameter und damit das Bauteilqualitätsproblem über das gesamte Chargenvolumen oder nur einen lokalen Bereich der Charge verursacht wurde. So führt z.B. ein defekter Umwälzer aufgrund fehlender Temperaturhomogenisierung sowohl zu einer zu niedrigen Aufkohlungstemperatur im unteren Bereich der Charge als auch zu einer zu hohen Aufkohlungstemperatur im oberen Chargenteil. Des Weiteren können einzelne Störungsursachen lediglich nach einer Reparatur bzw. Wartung auftreten. Die falsche Positionierung eines Thermoelementes oder die Verwendung einer falschen Ausgleichsleitung sind beispielsweise Störungsursachen, welche nur nach einem Ein- und Ausbau auftreten können. Diese Unterscheidungen stellen die bereits in Kapitel 4.1 dargestellten Zusatzinformationen zur Reduzierung der potentiellen Ursachen der Bauteilqualitätsprobleme dar und wurden bei der Erfassung der einzelnen Anlagenstörungen bzw. Störungsursachen jeweils mit aufgenommen.

Anschließend wurden die erfassten Daten, analog zu der bereits intern praktizierten Vorgehensweise, um die Erfahrungswerte der externen Projektpartner ergänzt. Aufgrund der bereits erwähnten anlagenspezifischen Themenstellung, wurden hierzu lediglich die Anlagenhersteller befragt. Sowohl die Ergänzungen und Änderungen hinsichtlich Anlagenstörungen, Störungsursachen, Einflussart und Abhängigkeit von einer durchgeführten Reparatur bzw. Wartung als auch die Bemerkungen wurden ausgewertet. Entsprechende Diskrepanzen wurden in fachlichen Austauschgesprächen diskutiert und die Daten abschließend konsolidiert. Exemplarisch sind in Tabelle 8.2 (auch diese Tabelle befindet sich zur besseren Lesbarkeit der Arbeit im Anhang) die erfassten Anlagenstörungen und die entsprechenden Störungsursachen für die Klasse Gasaufkohlen mit anschließender Abschreckung im Ölbad dargestellt. Aufgrund der zahlreichen Störungsursachen wurde die Darstellung an dieser Stelle lediglich auf den Prozessschritt Voroxidation beschränkt.

Da diverse Anlagenstörungen (z.B. Thermoelement) und die jeweiligen Störungsursachen bei manchen Anlagen identisch waren, konnten diese übernommen werden. Der Großteil der Anlagenparameter musste jedoch aufgrund der abweichenden Anlagenkonfiguration, unterschiedlicher Fabrikate und/ oder Baujahre neu erstellt werden. Die einzelnen Abhängigkeiten zwischen Fehleinstellungen der Wärmebehandlungsparameter und Anlagenstörungen können hier aus Geheimhaltungsgründen wiederum nicht dargestellt werden. Mit einer Anzahl von durchschnittlich ca. 750 unterschiedlichen erfassten Abhängigkeiten je Anlage kann jedoch auch an dieser Stelle zumindest der Umfang verdeutlicht werden.

Auf eine der durchgeführten Risikoanalyse folgende Risikobewertung entsprechend dem FMEA-Formblatt soll erst im Kapitel 4.2.2 „Ergänzung der Grundheuristik" eingegangen werden, wenn die Beschreibung der Erfassung der qualitativen Abhängigkeiten abgeschlossen wurde.

4.2.1.5 Herstellungsontologie

Aufgrund der Tatsache, dass sich die möglichen Abweichungen der Herstellungsparameter als Ursachen für Bauteilqualitätsprobleme zum einen über eine Vielzahl von Themengebieten erstrecken und damit den Umfang dieser Arbeit überschritten hätten und zum anderen der Bereich Einsatzhärten den Hauptfokus dieser Arbeit darstellt, wurden diese Einflussgrößen weniger detailliert erfasst. Die erfassten Herstellungsparameter sollen dem späteren Anwender des wissensbasierten Stördiagnosesystems erst in einem zweiten Schritt, nämlich nach der Überprüfung der Fehleinstellungen der Wärmebehandlungsparameter als Anhaltspunkte dienen, um Auffälligkeiten entlang der Prozesskette identifizieren zu können. Zudem könnten die Parameter als Schnittstelle für zukünftig entwickelte Wissensbasen der unterschiedlichen Fertigungsschritte dienen.

Zur Strukturierung der potentiellen Abweichungen der Herstellungsparameter wurde eine Taxonomie mit folgenden Klassen gebildet: Fertigungsschritt (z.B. Stahlherstellung), Prozessparameter (z.B. umwandlungsverzögernde Legierungselemente) und qualitative Ausprägung (z.B. zu wenig). Zur Erfassung der einzelnen Elemente wurde eine neue Datenbank, die Herstellungsparameterdatenbank, mit Auswahllisten zur Standardisierung der Begriffe erstellt. Auf die Verwendung der Gruppierungsfunktion konnte aufgrund der überschaubaren Anzahl der Elemente verzichtet werden.

Als Quellen wurden eine Literaturstudie zur Thematik und fachliche Austauschgespräche verwendet. Aufgrund der äußerst werkstoffspezifischen Themenstellung wurden BMW-intern der Bereich Technologie und von den externen Projektpartnern lediglich der Bereich der Forschung in Form der Stiftung Institut für Werkstofftechnik befragt. Erneut wurden, zur Reduzierung des Zeitaufwandes für die externen Projektpartner, die einzelnen Elemente und die entsprechend beeinflussten Bauteilqualitätsprobleme zunächst intern generiert, um im Anschluss in Workshops mit den anderen Projektteilnehmern diskutiert bzw. erweitert zu werden.

Die Aufnahme der Herstellungsparameter, welche die Bauteilqualität nach der Wärmebehandlung beeinflussen, erfolgte dabei systematisch entlang der Prozesskette, von der Stahlherstellung über die Umformung und Zerspanung bis hin zur Wärmebehandlung vorgelagerten Reinigung und dem Schützprozess der Bauteile, im strukturierten Brainstorming. Hierbei wurden die möglichen beeinflussten Bauteilqualitätsprobleme nach dem Wärmebehandlungsprozess auf die bereits in Kapitel 4.2.1.1 dargestellten Probleme begrenzt. Weiterhin wurden die jeweiligen Abhängigkeiten, wie zuvor auch bei den Wärmebehandlungsparametern (vgl. Kapitel 4.2.1.3), um die entsprechenden werkstoffkundlichen Hintergründe ergänzt. Die unterschiedlichen Herstellungsparameter sind nachfolgend in Tabelle 4.2 dargestellt. Entsprechend der vorhergehenden Kapitel können die Kombinationen mit den Bauteilqualitätsproblemen aus Gründen der Geheimhaltung nicht dargestellt werden. Mit einer Anzahl von ca. 50 Kombinationen waren diese jedoch gut überschaubar.

Klassen			
Fertigungsschritt	**Prozess-parameter**	**qualitative Ausprägung**	**Einflussart**
Stahlherstellung	Anzahl umwandlungs-verzögernder Legierungselemente	zu hoch	homogen
	Anzahl umwandlungs-verzögernder Legierungselemente	zu gering	homogen
	homogenisierende Maßnahmen nicht durchgeführt		inhomogen
	Kohlenstoffaktivität der Legierungselemente	zu gering	homogen
	Kohlenstoffaktivität der Legierungselemente	zu hoch	homogen
	Anzahl der kornfeinenden Legierungselemente	zu gering	homogen
	C-Gehalt der Legierungselemente	zu hoch	homogen
	Mn-/Si- Gehalt der Legierungselemente	zu hoch	homogen
	Si-Gehalt der Legierungselemente	zu hoch	homogen
	Gießparameter	verändert	homogen
Schmieden	Umformparameter	verändert	inhomogen
Zerspanen	Schnittparameter	verändert	inhomogen
	Sollgeometrie (weich)	n.i.O.	inhomogen
	Rückstände in den Kühlschmierstoffen	zu hoch	inhomogen

Elemente

Klassen			
Fertigungsschritt	Prozess-parameter	qualitative Ausprägung	Einflussart

	Fertigungsschritt	Prozess-parameter	qualitative Ausprägung	Einflussart
Elemente	Waschen	Rückstände im Waschmittel	zu hoch	inhomogen
	Schützen	Schutzpasten-trockenzeit	zu kurz	inhomogen
		Schutzpasten-rückstände		inhomogen

Tabelle 4.2: Einflussgrößen des Herstellungsprozesses auf die Bauteilqualitätsprobleme nach der Wärmebehandlung.

4.2.2 Ergänzung der Grundheuristik

Bei Auftreten eines Bauteilqualitätsproblems kommt eine Vielzahl unterschiedlicher Wärmebehandlungsparameter als Ursache in Frage. So kann beispielsweise eine zu niedrige Einsatzhärtungstiefe von mehr als 20 verschiedenen Wärmebehandlungsparameterabweichungen verursacht werden. Diese wiederum können von mehreren hundert – in dem betrachteten Beispiel über 260 – unterschiedlichen Anlagenstörungen bzw. Störungsursachen ausgelöst werden. Wie bereits in Kapitel 4.1 dargestellt, priorisieren Fachleute diese umfangreichen Listen anhand individueller Erfahrungswerte, welche die Effizienz einer Stördiagnose maßgeblich beeinflussen. Die Erfassung, Strukturierung und Standardisierung dieser Priorisierung stellt das Ziel dieses Kapitels dar.

In der sich an eine Risikoanalyse anschließenden Risikobewertung werden, entsprechend der Vorgehensweise bei einer FMEA, die erfassten Fehler anhand einer Bewertung mit unterschiedlichen Risikofaktoren priorisiert. Diese Priorisierung dient jedoch der Identifizierung von Risikopotentialen eines Prozesses, welche durch die Anwendung von Optimierungsmaßnahmen präventiv vermieden werden sollen. Aus diesem Grund sollen nachfolgend abgewandelte, für eine effiziente Ursachenanalyse relevante Priorisierungskennzahlen verwendet werden.

Entsprechend der in Kapitel 4.1 vorgestellten Vorgehensweise der Experten werden die Priorisierungen zunächst bei den Fehleinstellungen der Wärmebehandlungsparameter und anschließend bei den Anlagenstörungen bzw. Störungsursachen durchgeführt. Eine Priorisierung der Abweichungen der Herstellungsparameter wurde aufgrund des bereits erwähnten Schwerpunktes der Arbeit im Bereich des Einsatzhärtens nicht durchgeführt.

4.2.2.1 Wärmebehandlungsontologie – Priorisierungsmethodik

Mit dem Ziel, die Ursachen eines Qualitätsproblems möglichst effizient identifizieren zu können, wurden die potentiellen Einflussgrößen durch Wärmebehandlungsexperten anhand von Wahrscheinlichkeiten klassifiziert. Da die Auftretenshäufigkeit der Fehleinstellungen von Wärmebehandlungsparametern von den jeweiligen Anlagenstörungen abhängig ist, wurden Wärmebehandlungsparameter gemäß ihres Einflusses auf das entsprechende Bauteilqualitätsproblem priorisiert. Somit ist die Wahrscheinlichkeit, dass die Fehleinstellung eines Wärmebehandlungsparameters mit einem „starken" Einfluss auf die Bauteilqualität die Ursache darstellt, wesentlich höher als bei einem Wärmebehandlungsparameter mit einem „schwachen" Einfluss. Die Erfassung dieser Empfindlichkeiten des funktionalen Zusammenhangs zwischen den Abweichungen der Wärmebehandlungsparameter und den Bauteilqualitätsproblemen soll nachfolgend näher beschrieben werden.

Die Bewertung der einzelnen heuristischen Regeln zwischen Fehleinstellungen der Wärmebehandlungsparameter und Bauteilqualitätsproblemen erfolgte separat durch jeden einzelnen Projektpartner. Um Missverständnisse bezüglich der Bewertungsmethodik zu vermeiden, wurde zusätzlich zur Wärmebehandlungsparameterdatenbank und der bereits in Bild 4.2 dargestellten qualitativen und quantitativen Anlagenübersicht ein Bewertungs-leitfaden erstellt. Hierbei wurden die unterschiedlichen zur Priorisierung des Einflusses der Fehleinstellungen der Wärmebehandlungsparameter (ES) verfügbaren Bewertungen, wie nachfolgend dargestellt, erläutert:

schwacher Einfluss – ES=5

Prozentual große Änderungen des Wärmebehandlungsparameters, Δ WBP, bewirken bei einem als schwach bewerteten funktionalen Zusammenhang nur kleine Änderungen des entsprechenden Bauteilqualitätsparameters Δ BQP. Dies ist in Bild 4.7 a) schematisch dargestellt. So würde beispielsweise durch eine große Erhöhung des Kohlenstoffpegels in der Härtezone (Diffusion bei Härtetemperatur) die Einsatzhärtungstiefe nur gering erhöht werden.

Mittlerer Einfluss – ES=10

Bei einer prozentual kleinen bzw. großen Abweichung eines Wärmebehandlungsparame-ters würde sich, wenn dieser mit mittlerem Einfluss bewertet wurde, die Bauteilqualität ebenfalls um einen kleinen bzw. großen Betrag ändern (vgl. Bild 4.7 b)). Im Beispiel des Kohlenstoffpegels würde dies folgendes bedeuten: Eine große Erhöhung des Pegels in der Diffusionszone, diesmal jedoch bei Aufkohlungstemperatur, würde eine starke Erhö-hung der Einsatzhärtungstiefe bewirken.

Starker Einfluss – ES=15

Ein starker funktionaler Zusammenhang zwischen einer Fehleinstellung eines Wärmebe-handlungsparameters und eines Bauteilqualitätsmerkmals, wie in Bild 4.7 c) dargestellt, liegt vor, wenn selbst eine prozentual geringe Abweichung des Wärmebehandlungspara-meters eine große Änderung des Bauteilqualitätsparameters bedingt. In diesem Fall würde z.B. eine prozentual kleine Erhöhung des Kohlenstoffpegels jetzt in der Aufkohlungszone, zu einem großen Anstieg der Einsatzhärtungstiefe führen.

Da bei der Bewertung der einzelnen heuristischen Regeln zwischen den Fehleinstellungen der Wärmebehandlungsparameter und den Bauteilqualitätsproblemen die aktuelle Einstel-lung der Wärmebehandlungsparameter und der spezifische Prozessverlauf berücksichtigt werden müssen, beziehen sich die prozentualen Angaben jeweils auf den Ausgangswert. Zusammenfassend bedeutet dies, dass die prozentuale Änderung der Fehleinstellung ei-nes Wärmebehandlungsparameters mit abnehmender Empfindlichkeit deutlich zunehmen muss, um in jedem Fall eine identische Änderung der Bauteilqualität bewirken zu können. Weiterhin sei an dieser Stelle darauf hingewiesen, dass eine derartige Bewertung den Er-fahrungswerten und der Vorgehensweise der Experten entspricht. Eine genauere Quantifi-zierung war an dieser Stelle nicht möglich.

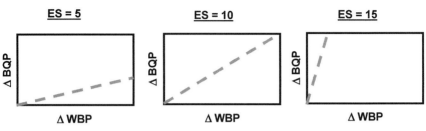

Legende:

Δ BQP: Änderung des Bauteilqualitätsparameters
Δ WBP: Änderung des Wärmebehandlungsparameters

Bild 4.7: **Bewertung der Empfindlichkeit des funktionalen Zusammenhangs ES zwischen der Änderung des Wärmebehandlungsparameters und der Änderung des Bauteilqualitätsparameters.**

Zur übersichtlichen Bewertung der einzelnen Kombinationen zwischen Bauteilqualitäts-problemen und Abweichungen der Wärmebehandlungsparameter wurde die bereits vor-handene Wärmebehandlungsparameterdatenbank um eine Bewertungs- und eine Bemer-kungsspalte ergänzt. In erstere konnte die der Priorisierung entsprechende Punktezahl für die ES über eine Auswahlliste eingetragen werden. Hierbei wurden bewusst ganzzahlige Abstände von 5 Punkten gewählt, um einerseits die Möglichkeit einer nachträglichen ganzzahligen Verfeinerung der Bewertungen zu ermöglichen und andererseits die Abstu-fung zwischen den einzelnen Bewertungen entsprechend zu gewichten. In der Bemer-kungsspalte konnten zusätzliche Hinweise, Diskussionspunkte oder Anmerkungen erfasst werden. Ein Auszug ist in Bild 4.8 dargestellt.

Aufgrund der gleichzeitigen Beeinflussung mehrerer Bauteilqualitätsprobleme durch die Fehleinstellung eines Wärmebehandlungsparameters wurde bei der Bewertung darauf geachtet, dass auch der Relation der jeweiligen funktionalen Zusammenhänge unterei-nander Rechnung getragen wurde. So wurde die Stärke des Einflusses auf beispielsweise zwei miteinander verknüpfte Bauteilqualitätsmerkmale gleich bewertet. Des Weiteren wür-den sich mit zunehmender Abweichung eines Wärmebehandlungsparameters zuerst die mit ES=15 (stark) bewerteten Bauteilqualitätsparameter ändern, anschließend die mit ES=10 und zuletzt diejenigen, welche lediglich einen als „schwach" bewerteten Einfluss (ES=5) aufweisen. Die Priorisierung der einzelnen heuristischen Regeln erfolgte somit so-wohl absolut als auch relativ zueinander.

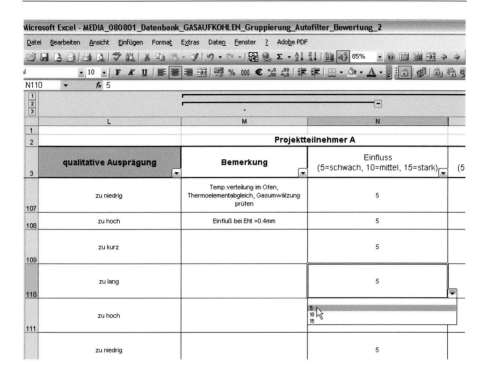

Bild 4.8:   Aufnahme der einzelnen Bewertungen und Bemerkungen der Projektteilnehmer in der Wärmebehandlungsparameterdatenbank.

Die Auswertung der Einzelbewertungen der Projektpartner erfolgte nacheinander anhand unterschiedlicher Kriterien. Zuerst wurden nicht bewertete Abhängigkeiten identifiziert und nach Beseitigung etwaiger Unklarheiten seitens des jeweiligen Bewertenden ergänzt. Anschließend wurden die Einzelwertungen miteinander verglichen. Da diese Bewertungen individuelle Erfahrungswerte bzw. Einschätzungen und nicht empirische Fakten repräsentieren, wurde erst eine Abweichung zwischen zwei Einzelwertungen von mehr als zwei Bewertungsklassen bzw. einer Abweichung von ca. 66 % als Diskrepanz definiert. Diese lag z.B. vor wenn der Einfluss einer Abweichung eines Wärmebehandlungsparameters durch einen Teilnehmer mit „5" und einem anderen mit „15" bewertet wurde. Diese Diskrepanzen wurden in fachlichen Austauschgesprächen diskutiert und die entsprechenden Bewertungen bei Bedarf angepasst. Abschließend wurden die Einzelwertungen zu einer Gesamtbewertung durch Bildung eines ganzzahligen Mittelwertes verrechnet.

Vor dem Hintergrund, die umfangreiche Datenmenge von insgesamt ca. 3200 Einzelwerten einerseits effektiv auswerten zu können und um andererseits Fehler zu vermeiden, wurde die Auswertung der unterschiedlichen Kriterien in der Wärmebehandlungsparameterdatenbank anhand von Formeln durchgeführt. Hierzu wurden drei Spalten, entsprechend der zuvor erläuterten Kriterien, in der Datenbank ergänzt. Ein Ausschnitt ist in Bild 4.9 dargestellt. In der abgebildeten Bearbeitungsleiste ist die entsprechende Formel für die Berechnung der Diskrepanz beispielhaft abgebildet. Es handelt sich hierbei um eine Kombination elementarer „Wenn …, dann…"-, „Und"- und „Oder"- Regeln.

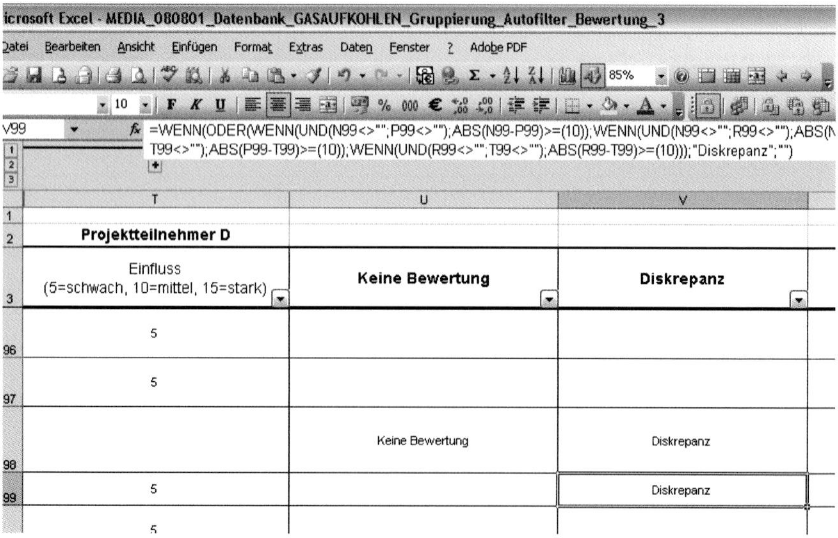

Bild 4.9:   Auswertung der Einzelbewertungen mit Hilfe von Formeln.

4.2.2.2 Anlagenontologie – Priorisierungsmethodik

Die Fehleinstellungen der Wärmebehandlungsparameter können, wie bereits in Kapitel 4.2.1.4 dargestellt wurde, von einer Vielzahl unterschiedlicher Anlagenstörungen verursacht werden. Die Anlagenstörungen werden von entsprechenden Fachleuten, in Anlehnung an die Vorgehensweise einer FMEA, anhand ihrer Auftretenshäufigkeit (AH) priorisiert. Eher unterbewusst erfolgt zusätzlich eine Priorisierung entsprechend der benötigten Kontrollzeit (KZ) zur Überprüfung der jeweiligen Störungen. Beispielsweise werden die Sollwerteinstellungen einer Anlage, trotz einer meistens geringen Auftretenshäufigkeit, häufig als erstes überprüft, da dieser Vorgang lediglich eine kurze Zeit in Anspruch nimmt. Auf diese Weise wird zwar nicht die Präzision einer Stördiagnose, dafür jedoch ihre Effizienz erhöht. Die Erfassung der Priorisierungskennzahlen der Anlagenstörungen soll nachfolgend dargestellt werden.

Die Aufnahme der einzelnen Bewertungen erfolgte erneut separat durch die Projektteilnehmer. Wie bereits bei der Erfassung der Anlagenstörungen wurden aufgrund der anlagenspezifischen Thematik intern nur die Instandhaltung und extern lediglich die entsprechenden Anlagenhersteller befragt. Zur Vermeidung von Missverständnissen bezüglich der Aufgabenstellung wurde zusätzlich zur bereits bestehenden qualitativen und quantitativen Anlagenübersicht ein neuer Bewertungsleitfaden erstellt, in welchem beide Kennzahlen definiert wurden:

Auftretenshäufigkeit

Unter Auftretenshäufigkeit ist die mögliche Anzahl wiederkehrender Fehlfunktionen eines Anlagenbauteils in einem begrenzten Zeitintervall zu verstehen. Fehlfunktionen können in diesem Zusammenhang geringe Abweichungen von der ordnungsgemäßen Funktion bis hin zum vollständigen Versagen des Anlagenbauteils bedeuten, wodurch in beiden Fällen die Abweichung eines Wärmebehandlungsparameters verursacht wird. Die gleichzeitig erfassten Wartungsintervalle der Anlagenbauteile wurden hierbei mit berücksichtigt.

Benötigte Kontrollzeit

Die benötigte Kontrollzeit entspricht der Zeit, welche zur Überprüfung der jeweiligen Störungsursachen notwendig ist, um sicherzustellen, ob die entsprechende Anlagenstörung vorliegt oder ob sie bei der weiteren Stördiagnose ausgeschlossen werden kann.

Bei der Bewertung gleicher Anlagenstörungen wurden die Besonderheiten der unterschiedlichen Zonen mitberücksichtigt. So unterscheidet sich beispielsweise die Auftretenshäufigkeit eines defekten Thermoelementes in der Erwärmzone von der in der Aufkohlungszone aufgrund der verschiedenen thermischen Belastungen erheblich. Ebenso führte eine schlechtere Zugänglichkeit zu den Anlagenbauteilen zu einer erhöhten benötigten Kontrollzeit.

Zur Aufnahme der beiden Bewertungen wurde die bereits zur Erfassung der Anlagenstörungen verwendete Datenbank um die entsprechenden Spalten erweitert. Eine Beschränkung auf vorher definierte Bewertungen war sowohl bei der Auftretenshäufigkeit als auch der benötigten Kontrollzeit nicht notwendig, wodurch auf eine Verwendung von Auswahllisten verzichtet werden konnte.

Die Auswertung der Einzelwertungen der Projektpartner erfolgte in mehreren Schritten. Zunächst wurden die einzelnen Werte durch eine Umrechnung auf identische Einheiten aufbereitet. So wurde für die Auftretenshäufigkeit und die Wartungshäufigkeit „Anzahl pro Jahr" und die benötigte Kontrollzeit „Stunden" als Einheit festgelegt. Anschließend wurden nicht durchgeführte bzw. nicht eindeutige Bewertungen, wie z.B. Auftretenshäufigkeit „> 1 Jahr" oder benötigte Kontrollzeit „einige Stunden", identifiziert und als Diskussionspunkte deklariert. Des Weiteren wurden pro Bewertungskennzahl die prozentualen Abweichungen der Einzelwertungen vom jeweiligen Mittelwert je Anlagenstörung bestimmt. Da es sich auch in diesem Fall um individuelle Einschätzungen bzw. Erfahrungswerte handelte, stellte eine Abweichung um mehr als 66% vom Mittelwert, analog zur Auswertung der Wärmebehandlungsparameter, einen Diskussionspunkt dar. Die auf diese Weise erhaltenen Diskussionspunkte wurden in fachlichen Austauschgesprächen erörtert und die Bewertungen abschließend konsolidiert.

Zur effektiven und fehlerfreien Auswertung der umfangreichen Datenmenge von über 3000 Werten wurden die Kriterien, wie bei den Fehleinstellungen der Wärmebehandlungsparameter, anhand von Formeln in der Anlagenparameterdatenbank ausgewertet. Hierzu wurden je Bewertungskriterium jeweils zwei Spalten („Bewertung nicht eindeutig/ unklar" und „Abweichung Bewertung") hinzugefügt. Erneut wurde mit Kombinationen elementarer „Wenn ..., dann..."-, „Und"- und „Oder"- Regeln gearbeitet.

Zusätzlich zu den bereits beschriebenen Auswertungen konnten aus den Bewertungen weitere Erkenntnisse generiert werden. Durch einen Vergleich der bewerteten Auftretenshäufigkeit und der entsprechenden Wartungsintervalle konnten Anlagenstörungen mit einer zu geringen Wartungshäufigkeit identifiziert werden. Des Weiteren konnten von der Auftretenshäufigkeit Optimierungspotentiale für das Ersatzteillager abgeleitet werden.

4.2.3 Zwischenfazit

In den vorhergehenden Kapiteln wurde die Vorgehensweise zur Nachbildung der menschlichen Ontologie bei der Störchiagnose im Bereich der Einsatzhärtung erläutert. Hierbei wurde die Grundheuristik eines Wärmebehandlungs-, Anlagen- und Werkstoffexperten mit den entsprechenden Einflussparametern erstellt. Anschließend wurde die Priorisierungsmethodik für die Fehleinstellungen der Wärmebehandlungsparameter und die Anlagenstörungen erfasst. Mit Hilfe der generierten Parameterdatenbanken sind Laien auf diesen Gebieten in der Lage, eine Störchiagnose bei akuten Bauteilqualitätsproblemen aufgrund der vollständigen Berücksichtigung aller Parameter und einer standardisierten Vorgehensweise präziser und damit effizienter als die jeweiligen Experten durchzuführen.

Da die Diagnosezeit, wie bereits in Kapitel 2.3.2 erwähnt, einen Großteil der Stillstandszeit einer Wärmebehandlungsanlage ausmacht und damit einen enormen Kostenfaktor darstellt, ist eine Effizienzsteigerung der Störchiagnose mit einer wesentlichen Kosteneinsparung gleichzusetzen. Auf Basis des ersten Teils der Aufgabenstellung dieser Arbeit soll daher die abgebildete Ontologie der Fachleute im folgenden Kapitel optimiert werden.

4.3 Optimierung der Heuristik

Wie bereits in Kapitel 4.2.2 angeführt, kommen für das Bauteilqualitätsproblem „Einsatz-härtungstiefe zu niedrig" über 20 unterschiedliche Abweichungen von Wärmebehand-lungsparametern und für diese wiederum mehrere hundert unterschiedliche Störungsursa-chen in Frage.

Werden lediglich die höchst priorisierten und damit wahrscheinlichsten Fehleinstellungen der Wärmebehandlungsparameter (ES=„starker Einfluss") betrachtet, reduziert sich die Anzahl auf vier potentielle Abweichungen bei Wärmebehandlungspara-metern und die der möglichen Störungsursachen auf ca. 50. Vor dem Hintergrund einer möglichst effizienten Stördiagnose kommt der Priorisierung bezüglich der funktionalen Zu-sammenhänge zwischen den Fehleinstellungen der Wärmebehandlungsparameter und der Bauteilqualitätsprobleme somit eine besondere Bedeutung zu. Die Ergänzung der be-reits erfassten qualitativen Abhängigkeiten um quantitative Aussagen, d.h. die zusätzliche Berücksichtigung der Größe der Abweichungen der Bauteilqualitätsparameter bei der Prio-risierung, stellt somit eine Möglichkeit zur weiteren Steigerung der Effizienz dar. Die Erwei-terung der Priorisierungsmethodik und damit der Heuristik um eine zusätzliche Differenzie-rungsmöglichkeit anhand von empirischen Untersuchungen soll nachfolgend dargestellt werden.

Entsprechend der Ontologie der Fachexperten würden sich die möglichen Störungsursa-chen im angeführten Beispiel anhand einer anschließenden Priorisierung hinsichtlich der Auftretenshäufigkeit und benötigten Kontrollzeit weiter reduzieren lassen. Auf diese Weise würden jedoch Störungsursachen mit einer geringeren Empfindlichkeit der funktionalen Abhängigkeiten, aber ebenfalls hohen Auftretenshäufigkeit und geringen Kontrollzeit, erst wesentlich später überprüft. Zudem wird die gleichzeitige (Nicht-)Beeinflussung anderer Bauteilqualitätsprobleme bei dieser Priorisierungsmethodik nicht mit berücksichtigt. Aus diesen Gründen soll die bereits erfasste Heuristik der Experten im zweiten Teil dieses Ka-pitels mit Hilfe eines Auswertealgorithmus und dem Ziel der weiteren Steigerung der Effi-zienz der Stördiagnose optimiert werden.

Es sei an dieser Stelle darauf hingewiesen, dass die in diesem Kapitel verwendeten Labor- und Wärmebehandlungswerte aus Gründen der Geheimhaltung rein fiktive Werte sind und lediglich der Veranschaulichung der beschriebenen Sachverhalte dienen.

4.3.1 Quantitative Evaluierung der Qualitätsabweichung

Um im späteren Diagnosesystem sowohl reaktive – Qualitätswerte liegen außerhalb der jeweiligen Toleranzgrenze – als auch präventive – Qualitätswerte weichen von einem Re-ferenz- bzw. Mittelwert ab, liegen aber noch innerhalb der Toleranzgrenzen – Stördiagno-sen durchführen zu können, wird nachfolgend der Begriff „Qualitätsabweichungen" (von einem Referenzwert) und nicht der Begriff „Qualitätsprobleme" verwendet.

Um die quantitative Abweichung der Bauteilqualitätsparameter bei einer Qualitätsabwei-chung als zusätzliche Differenzierungsmöglichkeit bei der Priorisierung und damit zur Effizienzsteigerung der Stördiagnose nutzen zu können, wurden in Simulationen und Versuchen gezielt Wärmebehandlungsparameter variiert und die dadurch bedingten Änderungen der Bauteilqualitätsparameter erfasst. Unter der vereinfachenden Annahme einer linearen Beziehung zwischen den Änderungen der Wärmebehandlungsparameter und den Abweichungen der Bauteilqualitätsparameter gilt damit:

a. Ist die Abweichung eines Qualitätsparameters größer oder gleich der ermittelten Abweichung im Versuch, ist es sehr wahrscheinlich, dass der im Versuch veränderte Wärmebehandlungsparameter für die vorliegende Qualitätsabweichung ursächlich ist.

b. Ist die Abweichung eines Qualitätsparameters kleiner als die zuvor ermittelte Abweichung im Versuch, kann der im Versuch veränderte Wärmebehandlungsparameter für die vorliegende Qualitätsabweichung nach wie vor ursächlich sein, jedoch mit einer geringeren Wahrscheinlichkeit.

Da in den nachfolgenden Versuchen lediglich sehr geringe Änderungen der Wärmebehandlungsparameter angewendet wurden, war der durch die vereinfachende Annahme gemachte Fehler vernachlässigbar klein. Wie bei der Erstellung und Umsetzung des Versuchsplans und der abschließenden Auswertung der Versuche vorgegangen wurde, wird nachfolgend dargestellt.

4.3.1.1 Versuchsplan

Randbedingungen

Aufgrund der anlagenspezifischen Abhängigkeiten wurden die Wärmebehandlungsanlagen der Serienproduktion zur Versuchsdurchführung ausgewählt. Auf diesen hatte die Serienfertigung zur Sicherstellung der Produktionsstückzahl Priorität. Des Weiteren war zur Durchführung der Versuche eine Sperrung der gesamten Anlage erforderlich, um eine Beeinflussung der Serienqualität zu vermeiden. Somit galt es, die Untersuchung der jeweiligen Faktoren anhand einer möglichst geringen Versuchsanzahl zu ermöglichen.

Für die Bestimmung der Zielgrößen, hiermit ist die durch Änderungen der Wärmebehandlungsparameter beeinflusste Bauteilqualität gemeint, stand das Labor zur Qualitätssicherung der Serienfertigung zur Verfügung. Die Überwachung der Serienqualität hatte hier ebenfalls Vorrang. Daher musste der Aufwand für metallografische Untersuchungen ebenfalls möglichst gering gehalten werden.

Bestimmung der Versuchsfaktoren

Mit dem Ziel, die direkten Auswirkungen einer definierten Änderung der einzelnen Wärmebehandlungsparameter auf die Bauteilqualität zu erfassen, sollten zusätzliche Wechselwirkungen zwischen den einzelnen Parametern vermieden werden. Aus diesem Grund und aufgrund der zuvor erwähnten Randbedingungen zur Versuchsdurchführung, konnten Werkzeuge wie fraktionell faktorielle oder Screening-Versuchspläne, welche den Wechselwirkungen, wenn auch nur in reduzierter Form, Rechnung tragen, nicht angewendet werden. Vielmehr sollte jeder Wärmebehandlungsparameter separat variiert und sämtliche anderen Parameter konstant gehalten werden („One-factor-at-a-time-Methode") [KLEP03].

Bei der Bestimmung der zu untersuchenden Einflussgrößen, den so genannten Faktoren, wurde zwischen quantitativen und qualitativen Faktoren unterschieden. Beliebig einstellbare Einflussgrößen werden als quantitative Faktoren bezeichnet, während qualitative Faktoren nur bestimmte vorgegebene Werte annehmen können und nicht die Hauptaufgabe einer Untersuchung darstellen [KLEP03]. Als quantitative Versuchsfaktoren wurden die aus den vorherigen Kapiteln bereits bekannten Parameter des Wärmebehandlungsprozesses festgelegt. Da der Herstellungsprozess nicht den Hauptfokus der vorliegenden Arbeit darstellt, wurden die entsprechenden Faktoren in den nachfolgenden Versuchen nicht untersucht und, um eine Beeinflussung der Untersuchung der anderen Faktoren zu vermeiden, konstant gehalten.

Aufgrund der jeweils prozess-, anlagen- und bauteilspezifischen Abhängigkeit der Zielgröße wäre eine Untersuchung der quantitativen Faktoren in Kombinationen mit den unterschiedlichen qualitativen Faktoren wie Wärmebehandlungsprozess und -anlage, Bauteilgrößen-, Werkstoff- und Qualitätsspezifikation etc. erforderlich gewesen. Hierzu wären bei durchschnittlich ca. 60 Fehleinstellungen der Wärmebehandlungsparameter je Anlage, bei vier Wärmebehandlungsanlagen und zwölf verschiedenen Bauteilkombinationen, ohne Berücksichtigung einer statistischen Absicherung der Untersuchungen, annähernd 3.000 Versuche notwendig gewesen. Die Realisierung eines derart umfangreichen Versuchsprogramms war im Rahmen dieser Arbeit, insbesondere vor dem Hintergrund der zuvor genannten Randbedingungen, nicht möglich. Folglich sollte der Versuchsumfang unter Beibehaltung einer hohen Aussagekraft der Versuche reduziert werden (analog Bild 4.10).

In einem ersten Schritt wurden die quantitativen Faktoren, welche den größten Anteil der Versuchsanzahl ausmachen, reduziert, d.h. die Untersuchungen wurden auf die für die spätere Stördiagnose bedeutendsten und damit höchstpriorisierten Wärmebehandlungsparameter konzentriert. Hierzu wurden die Bewertungen der funktionalen Zusammenhänge zwischen den Fehleinstellungen der Wärmebehandlungsparameter und den Bauteilqualitätsproblemen aus Kapitel 4.2.2.1 als Kriterium herangezogen. Lediglich die Heuristiken, welche entweder eine Durchschnittswertung von mindestens 12,5 oder von zwei Bewertenden die Höchstnote von 15 erhalten haben, sollten näher untersucht werden.

Einige wenige Versuche wären aufgrund eines enormen Realisierungsaufwandes jedoch nicht durchführbar gewesen. So sind manche Wärmebehandlungsparameter aufgrund der oben genannten Auswahlkriterien zwar im Versuchsplan berücksichtigt worden, jedoch stand der Aufwand den Versuch durchzuführen, mit den in Aussicht gestellten Erkenntnissen in keinem Verhältnis. Des Weiteren konnte eine ausreichende Genauigkeit und Reproduzierbarkeit der Ergebnisse bei diesen Untersuchungen nicht gewährleistet werden. Als Beispiel kann hier eine Veränderung der Abschreckintensität im Abschreckprozess der Gasaufkohlung angeführt werden. Zur Änderung der Abschreckintensität hätte das gesamte Ölbad von mehreren tausend Litern Öl für den Versuch gewechselt werden müssen. Der entsprechende Mehrwert der quantitativen Aussage hingegen wäre vernachlässigbar gering gewesen. Derartige Versuche wurden daher im Versuchsplan nicht mitberücksichtigt.

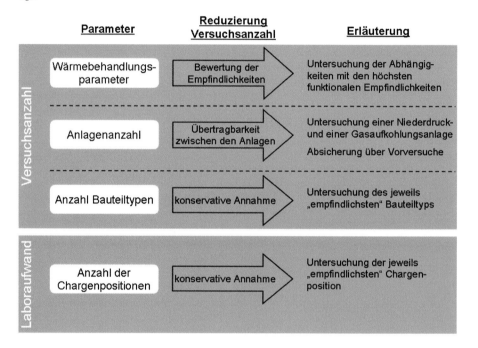

Bild 4.10: **Vorgehensweise zur Reduzierung der Versuchsanzahl und der metallografischen Untersuchungen.**

Im Anschluss an die quantitativen Faktoren wurde die Anzahl der zu untersuchenden Wärmebehandlungsanlagen reduziert. Unter der vereinfachenden Annahme, dass die jeweiligen Ergebnisse aus den Prozessschritten Voroxidation, Erwärmung, Aufkohlung und Diffusion zwischen den drei Gasaufkohlungsanlagen aufgrund nahezu identischer Prozessabläufe übertragbar sind, wurde die Durchführung der Versuche auf eine der drei Anlagen beschränkt. Lediglich die Versuche der Prozessschritte Abschrecken und Reinigen mussten separat betrachtet werden, da die Teilprozesse anlagenbedingt sowohl chargenweise als auch im Einzelteilverfahren durchgeführt werden und es sich hier jeweils um unterschiedliche Teilprozesse handelte. Zur Absicherung dieser Annahme wurden entsprechende Vorversuche durchgeführt, auf die später näher eingegangen werden soll.

Da die Qualität der jeweiligen Bauteiltypen unterschiedlich stark bzw. „empfindlich" auf die entsprechenden Änderungen der Wärmebehandlungsparameter reagiert, aber gleichzeitig der Untersuchungsaufwand reduziert werden sollte, wurde je nach Qualitätskriterium das jeweils „empfindlichste" Bauteil als Versuchsbauteil ausgewählt. An dieser Stelle wurde eine konservative Annahme gemacht, in welcher davon ausgegangen wird, dass die Ver-

suchsergebnisse für andere weniger empfindliche Bauteile die gleiche Gültigkeit besitzen.
Beispielsweise wurde für Versuche, bei denen die Veränderung eines Wärmebehandlungsparameters zu einer niedrigeren Einsatzhärtungstiefe führen kann, das Bauteil mit der höchsten Einsatzhärtungstiefeanforderung, den größten Bauteilmaßen und dem Werkstoff mit der geringsten Härtbarkeit ausgewählt. Auf diese Weise wurde die, verglichen mit den anderen Bauteiltypen, maximale Verringerung der Einsatzhärtungstiefe für die entsprechenden Versuchsparameter bestimmt. Zur Veranschaulichung sind in Bild 4.11 exemplarisch zwei der verwendeten Bauteile samt ihren geometrischen Abmessungen bzw. Eht-Anforderungen dargestellt.

Baugröße	Gesamtlänge L, mm	max. Kopfdurchmesser D, mm	Eht-Anforderung, mm
SC26	198	119	0,6 + 0,25 (G-Teil)
KS391	170	73	0,4 + 0,3 (H-Teil)

Bild 4.11:   Exemplarische Darstellung von Versuchsbauteilen.

Der endgültige Versuchsplan setzte sich insgesamt, Gas- und Niederdruckaufkohlen gemeinsam betrachtet, aus 50 Versuchen und 30 Simulationen zusammen. Aus Gründen der Geheimhaltung kann dieser hier nicht dargestellt werden.

4.3.1.2 Versuchsdurchführung

Wie im vorherigen Kapitel dargestellt, wurde der Herstellungsprozess, ausgenommen der Reinigung vor der Wärmebehandlung, bei der Erstellung des Versuchsplans nicht mitberücksichtigt. Um eine Überlagerung der Versuche durch Werkstoff- bzw. Herstellungseinflüsse zu vermeiden, wurden sämtliche Parameter des Herstellungsprozesses durch die Verwendung von Bauteilen derselben Werkstoffcharge und des gleichen Fertigungsloses konstant gehalten.

Vorversuche

Um zusätzlich eine zeitliche als auch örtliche Varianz der Bauteilqualität bei den Wärmebehandlungsprozessen ausschließen zu können, wurde ein Multi-Vari-Bild nach Shainin bzw. Seder von den als Versuchsbauteile bestimmten Bauteiltypen erstellt. Ziel der Erstellung eines Multi-Vari-Bildes ist die Sammlung von Messwerten einer Zielgröße von:

-   verschiedenen Stellen eines Teils

-   verschiedenen, nacheinander gefertigten Teilen

- zu verschiedenen Zeiten gefertigten Teile

um mögliche Streuungen identifizieren zu können [KLEP03]. Auf diese Weise sollte festgestellt werden, ob qualitative Faktoren, wie die Position der Charge in der Durchstoßanlage (Gasaufkohlung) bzw. die verwendete Behandlungskammer (Niederdruckaufkohlung), die Position des Bauteils in der Charge (nachfolgend Chargenposition genannt) und/oder die Messstelle am Bauteil selbst, Streuungen der zu bestimmenden Zielgröße verursachen. Dazu wurden die im Rahmen der Serienüberprüfung erfassten Labordaten ausgewertet und zusätzlich entsprechende Vorversuche durchgeführt.

Bei der Auswertung der Serienwerte wurden lediglich aktuelle Labordaten aus einem Zeitraum verwendet, in welchem sich weder die Werkstoffcharge noch die verwendeten Wärmebehandlungsparameter geändert haben. Aufgrund einer, je nach Anlage, immensen Datenmenge wurden in erster Linie die Messwerte der Einsatzhärtungstiefe, Oberflächenhärte und Zahnfußkernhärte ausgewertet. Vereinzelt wurden die Gefüge- und Verzugsanalysen ebenfalls betrachtet. Die bei Störungen erfassten Werte wurden, soweit dies vermerkt war, von der Auswertung ausgenommen. Diese Auswertung wurde für sämtliche Kombinationen von Anlagen und Versuchsbauteilen bezüglich der oben genannten qualitativen Faktoren, außer für Chargenpositionen und Messstellen am Bauteil, durchgeführt. So wurden bei der Niederdruckaufkohlung beispielsweise die gemittelten Werte der unterschiedlichen Behandlungskammern miteinander verglichen. Bei einer maximalen Differenz von 0,06 mm bezüglich der Einsatzhärtungstiefe und 24 HV1 bezüglich der Oberflächenhärte zwischen den gemittelten Werten der einzelnen Behandlungskammern über einen Zeitraum von einem halben Jahr war eine Abhängigkeit der Zielgrößen von der verwendeten Behandlungskammer nicht erkennbar und damit eine Berücksichtigung dieser bei den nachfolgenden Versuchen nicht notwendig.

Die bei der Auswertung der Serienwerte verwendeten Werkstoffchargen und Einstellungen der Wärmebehandlungsparameter wurden ebenfalls bei der Durchführung der Vorversuche verwendet. Hierbei konnten ergänzend zu den qualitativen Faktoren der ausgewerteten Serienwerte die Werte mehrerer direkt aufeinander folgender Chargen, unterschiedlicher Positionen innerhalb einer Charge (Chargenpositionen) und verschiedener Messstellen eines Bauteils miteinander verglichen werden. Wie hierbei vorgegangen wurde, soll nachfolgend näher erläutert werden.

Durch eine Anfertigung von drei, im 120° Winkel über den Umfang versetzten Schliffen, wie in Bild 4.12 a.) dargestellt, konnten die Messwerte der Oberflächenhärte, Einsatzhärtungstiefe und Zahnfußkernhärte sowie die Gefügeanalysen miteinander verglichen werden. Da sich die Werte jedoch lediglich um weniger als 10 HV1 bei der Oberflächenhärte, weniger als 0,05 mm bei der Einsatzhärtungstiefe und weniger als 10 HV1 bei der Zahnfußkernhärte bzw. bei der Gefügeanalyse nicht messbar unterschieden haben, wurden die Werte nachfolgend lediglich an einer beliebigen Messstelle erfasst.

Zur Untersuchung der Streuung zwischen den Chargenpositionen wurden die unterschiedlichen Versuchsbauteile jeweils entlang der Raumdiagonalen der Charge untersucht (vgl.

Bild 4.12 b)). Auf diese Weise war es möglich, räumliche Streuungen der Zielgrößen zu erfassen. Wie zuvor bei der Festlegung der Versuchsbauteile wurden ebenfalls die „empfindlichsten" Chargenpositionen je nach untersuchter Zielgröße und entsprechendem Versuchsbauteil festgelegt und entsprechend in den nachfolgenden Untersuchungen verwendet.

Nach Festlegung der jeweiligen Chargenposition für die entsprechenden Bauteilqualitäten, wurden diese Positionen bei drei direkt aufeinander folgenden Chargen in der Durchstoßanlage überprüft (Bild 4.12). Somit konnte einerseits die zeitliche Kontinuität der Zielgrößen erfasst werden, während das vorherige Ergebnis der Chargenpositionen zur gleichen Zeit überprüft werden konnte. Aufgrund der teilweise geringeren Streuung der Messwerte als bei der Überprüfung der Homogenität der Messwerte über den Bauteilumfang, wurde von einer hinreichenden Gleichmäßigkeit der Werte und einer Bestätigung der Messwerte bezüglich der Chargenpositionen ausgegangen.

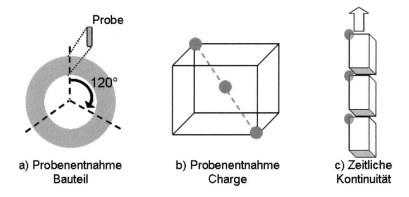

a) Probenentnahme
Bauteil

b) Probenentnahme
Charge

c) Zeitliche
Kontinuität

Bild 4.12: **Bestimmung der Messwertstreuung über den Bauteilumfang, die Chargenpositionen und den zeitlichen Chargenverlauf.**

Der Prozess der Vorreinigung ist der Wärmebehandlung direkt vorgeschaltet und wird aus diesem Grund bei Qualitätsproblemen in Härtereien stets mitberücksichtigt. Um eine Beeinflussungen der Versuchsergebnisse durch unterschiedliche Vorreinigungsresultate zu vermeiden, wurden vor den eigentlichen Untersuchungen Extremversuche in der Vorreinigung durchgeführt.

Um den Entfall einer Entfernung von Waschmittelrückständen im Reinigungsprozess zu simulieren, wurden Versuchsbauteile über den Außenumfang mit Klebeband abgedichtet und nach einem Eintrocknen der Waschmittelrückstände über mehrere Wochen regelmäßig wieder mit Waschmittel der Reinigungsanlage begossen. Gleichermaßen wurde bei der Nachstellung einer mangelnden Reinigungswirkung bzw. einem Ausfall der Reinigung vorgegangen. Anstelle des Waschmittels wurde hier das Schmiermittel der Fräsmaschinen verwendet.

Eine metallografische und geometrische Untersuchung der Versuchsbauteile nach der Wärmebehandlung zeigte jedoch keinerlei Abweichungen zu Referenzbauteilen. Somit konnte eine Beeinflussung der Bauteilqualität und damit der Versuchsergebnisse durch die Vorreinigung der Bauteile ausgeschlossen werden.

Referenz- und Versuchszielwerte

Die bei den Vorversuchen verwendeten Einstellungen der Wärmebehandlungsparameter, welche den aktuellen Serienparametern entsprachen, wurden für die nachfolgenden Untersuchungen, Berechnungen und Auswertungen als Prozessreferenzwerte verwendet. Ebenso wurden die jeweiligen Mittelwerte der in den Vorversuchen erhaltenen Messwerte sämtlicher Qualitätskriterien (Härte, Gefüge, Geometrie und Oberflächenzustand) nachfolgend als Qualitätsreferenzwerte betrachtet. Dabei wurden jedoch lediglich die Werte der zuvor identifizierten Chargenpositionen berücksichtigt.

Für die in den einzelnen Versuchen und Simulationen durch Variation der Wärmebehandlungsparameter angestrebten Werte der Bauteilqualitätsmerkmale, nachfolgend als Zielwerte bezeichnet, wurden stets die Toleranzgrenzen der Zielgrößen festgelegt. So wurde beispielsweise bei dem Versuch durch die Veränderung eines Wärmebehandlungsparameters zu einer zu niedrigen Zahnfußkernhärte zu gelangen, als Zielwert des Versuches die Mindestanforderung für die Zahnfußkernhärte des entsprechenden Versuchsbauteils gesetzt. Auf diese Weise würden Qualitätsprobleme erst bei einer größeren Änderung der Wärmebehandlungsparameter auftreten. Die Lage der Toleranzgrenzen war von dem jeweiligen Qualitätsparameter und dessen qualitativer Ausprägung (zu hoch bzw. zu niedrig) und von den Qualitätsspezifikationen der verwendeten Versuchsbauteile abhängig.

Bei der Festlegung der Zielwerte der Oberflächenhärte und Einsatzhärtungstiefe wurde hingegen anders vorgegangen. Anstelle einer Toleranzgrenze wurden in der Qualitätsspezifikation hier Toleranzbereiche verwendet. Idealerweise hätten die jeweiligen Qualitätswerte mittig innerhalb dieser Toleranzbereiche liegen müssen und wären bei einer Änderung der Wärmebehandlungsparameter um die Hälfte der Toleranzbreite erhöht bzw. verringert worden. Prozessbedingt lagen die zuvor erfassten Referenzwerte bei der Gasaufkohlung je nach Bauteilgröße an der unteren bzw. oberen Toleranzgrenze. Um ausgehend von den unterschiedlichen Referenzwerten trotzdem eine identische Änderung der Qualitätsparameter zu erhalten, wurde der um die Hälfte der Toleranzbreite erhöhte bzw. verringerte Referenzwert als Zielwert festgelegt.

Würden die oben genannten Zielwerte in den Simulationen und Versuchen erreicht, wäre die Differenz zwischen Referenz- und Versuchswerten größer als entsprechende Streuungen der Referenzversuche, und die Versuchswerte könnten damit als reale Effekte auf die Variation der Wärmebehandlungsparameter interpretiert werden. Gleichzeitig wären die Änderungen klein genug, um der bereits dargestellten Annahme bezüglich der Nichtlinearität von Kapitel 4.3.1 zu genügen.

Simulationen

In Ergänzung zu den im nächsten Abschnitt dargestellten Versuchen wurden Simulationen zur Erweiterung der bereits erfassten qualitativen Abhängigkeiten durchgeführt. Da im Gegensatz zu Versuchen bei Simulationen weder Anlagen- noch Laborkapazitäten beansprucht werden, wurden alle Abhängigkeiten, bei denen eine Simulation möglich war, untersucht. Hierzu zählten auch die im Versuchsplan bereits als Versuch deklarierten Abhängigkeiten. Die (Vor-)Simulation diente in diesem Fall dazu, die Änderungen der Wärmebehandlungsparameter für den späteren Versuch festzulegen. Zudem bot dies die Möglichkeit, die Simulations- und Versuchsergebnisse auf ihre Konsistenz hin zu überprüfen.

Als Simulationsprogramme standen das Programm Carbo-Prof von der Firma Ipsen International GmbH für die Gasaufkohlung und ein Programm von der Firma ALD Vacuum Technologies GmbH für die Niederdruckaufkohlung zur Verfügung. Beide Programme waren in der Lage die Auswirkungen von Variationen bezüglich der Temperatur und Verweilzeit bzw. effektiver Taktzeit in der Aufkohl- und Diffusionsphase auf die Einsatzhärtungstiefe zu simulieren. Zusätzlich konnten für die gleichen Wärmebehandlungsphasen im Programm Carbo-Prof Veränderungen des Kohlenstoffpegels und Kohlenmonoxidgehaltes untersucht werden, während im ALD-Programm zusätzlich das Puls-/ Pausenverhältnis variiert werden konnte. Wie bei der Erweiterung einer qualitativen Abhängigkeit mittels einer Simulation vorgegangen wurde, soll nachfolgend anhand eines Beispiels der Niederdruckaufkohlung veranschaulicht werden. Ausgehend von der qualitativen Aussage, dass eine zu hohe Aufkohlungstemperatur zu einer zu hohen Einsatzhärtungstiefe führen kann, soll mit Hilfe des Simulationsprogramms von ALD untersucht werden, wie groß die Erhöhung der Aufkohlungstemperatur sein muss, um den entsprechenden höheren Zielwert der Einsatzhärtetiefe zu erreichen. Zum Beispiel: Ausgehend von einer Einsatzhärtungstiefe von 0,5 mm bei einer Aufkohlungstemperatur von 950°C muss die Aufkohlungstemperatur um welche Temperatur – bei Konstanthalten der restlichen Parameter – erhöht werden, so dass die Einsatzhärtetiefe auf den Zielwert von 0,6 mm ansteigt?

Hierzu wurde das Simulationsprogramm in einem ersten Schritt mit den Werten aus den Referenzversuchen des entsprechenden Versuchsbauteils abgeglichen, d.h. die verwendeten Prozesswerte wurden in das Simulationsprogramm übertragen. Das anschließend simulierte Kohlenstoffprofil wurde mittels Korrekturfaktoren an die im Referenzversuch gemessenen Werte angepasst. Ein derartiges Kohlenstoffprofil ist in Bild 4.13 dargestellt. In der Grafik ist auf der Abszisse der Abstand von der Oberfläche in Millimetern und auf der Ordinate der Kohlenstoffgehalt in Prozent um den Faktor 100 erweitert aufgetragen. Das Kohlenstoffprofil wurde bei der entsprechenden Referenzaufkohlungstemperatur von 950°C simuliert. Während die schwarze Kurve den Verlauf nach der Aufkohlung abbildet, präsentiert die hellgraue Kurve den Verlauf nach der Diffusion. Wie aus der Abbildung ersichtlich entspricht die Einsatzhärtetiefe von 0,5 mm einem Grenzkohlenstoffgehalt von 0,43 %.

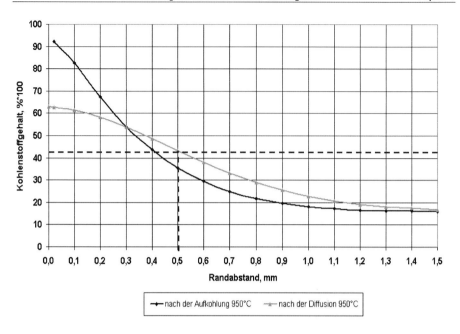

Bild 4.13: Simuliertes Kohlenstoffprofil in der Niederdruckaufkohlung bei einer Aufkohlungstemperatur von 950°C.

Im Anschluss an die Justierung des Simulationsprogramms sollte durch eine Erhöhung der Aufkohlungstemperatur eine Einsatzhärtungstiefe von 0,6 mm erreicht werden. In Bild 4.14 ist das Aufkohlungsprofil nach einer Erhöhung der Temperatur auf 975°C dargestellt. Es ist ersichtlich, dass der Grenzkohlenstoffgehalt von 0,43 % jetzt bei einem Randabstand von 0,6 mm vorliegt. Der Versuchszielwert wurde erreicht und es kann die nachstehende Schlussfolgerung gemacht werden: Wenn die Einsatzhärtetiefe um 0,1 mm zu hoch ist und die Aufkohlungstemperatur um mindestens 25°C erhöht ist, dann ist die Ursache für die Abweichung der Einsatzhärtetiefe mit großer Wahrscheinlichkeit die zu hohe Aufkohlungstemperatur.

Zusätzlich zur Einsatzhärtungstiefe wurde das Simulationsprogramm von ALD verwendet, um die Zeitabhängigkeit der Kohlenstoffkonzentration in verschiedenen Randabständen zu simulieren. Mit Hilfe von Erfahrungswerten war es dadurch möglich, den Einfluss der Veränderungen eines Wärmebehandlungsparameters auf die Entstehung von Gefügeproblemen, vorrangig der Bildung von Zementit, beurteilen zu können.

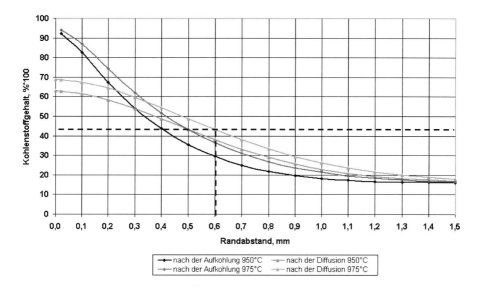

Bild 4.14: Simuliertes Kohlenstoffprofil in der Niederdruckaufkohlung bei einer Aufkohlungstemperatur von 950°C und 975°C.

Versuche

Bevor mit der Durchführung der einzelnen Versuche des Versuchsplans begonnen werden konnte, waren diverse Vorbereitungen notwendig. Während bei der Niederdruckaufkohlung lediglich eine einzelne Behandlungskammer für den Versuch gesperrt werden musste, wurde bei der Gasaufkohlung, um die Qualität der Serienteile nicht zu beeinträchtigen, je nach Versuch ein Teil oder die gesamte Wärmebehandlungsanlage benötigt. Die für den jeweiligen Versuch festgelegten „empfindlichsten" Versuchsbauteile, welche von derselben Werkstoffcharge und aus demselben Fertigungslos wie die Referenzteile stammen, wurden in der in den Vorversuchen bestimmten Chargenposition chargiert. Der Rest der Charge wurde mit Ausschussware der Serienproduktion als Massenballast befüllt. Bei Versuchen in der Gausaufkohlungsanlage wurden zusätzlich drei Chargen vor und drei Chargen hinter der Versuchscharge mit Ausschussteilen bestückt. Auf diese Weise konnte eine Veränderung der Temperatur- und Gasverteilung innerhalb des Ofenraumes im Vergleich zum Serienbetrieb verringert werden.

Aufgrund einer geringen Ausschussproduktion und einem Bedarf von teilweise bis zu 200 Ausschussteilen pro Charge wurden manche Ausschussteile mehrmals verwendet. Die Verwendung des jeweiligen Ausschusszustandes richtete sich hierbei nach dem Versuch. So waren beispielsweise bei der Untersuchung, ob Variationen der Wärmebehandlungsparameter in der Aufkohlungsphase der Niederdruckaufkohlung zu Zementit führen, unbehandelte Ausschussteile erforderlich, da diese, analog zu den Serienbedingungen, zu einer Reduzierung des Kohlenstoffangebotes führen. Bereits aufgekohlte Ware hätte das

Kohlenstoffangebot weniger reduziert, damit die Bildung von Zementit im Versuchsbauteil begünstigt und das Versuchsergebnis somit verfälscht. Bei einer Untersuchung, in welchem Maße Veränderungen der Abschreckparameter zu einer Verringerung der Zahnfußkernhärte führen, war der Zustand des Ausschusses hingegen gleichgültig, da in diesem Fall der Kohlenstoffgehalt im Bauteil eine untergeordnete Rolle spielt.

Nach Abschluss der Vorbereitungen wurde, für den Fall, dass das Wärmebehandlungsprogramm zur Justierung der Serienqualität zwischenzeitlich verändert wurde, das Referenzwärmebehandlungsprogramm an der Wärmebehandlungsanlage wieder eingestellt. Unter Konstanthalten jeglicher anderer Parameter wurde lediglich der zu untersuchende Versuchsfaktor geändert. Der Betrag der Änderung des entsprechenden Wärmebehandlungsparameters richtete sich nach den jeweiligen Versuchszielwerten. Entsprechend den Erfahrungswerten aus der Praxis und nach einer Diskussion der jeweiligen Änderungen im fachlichen Team wurden realistische, d.h. unter Betriebsbedingungen mögliche Abweichungen der Wärmebehandlungsparameter festgelegt. Bei Versuchen, bei denen im Vorfeld Simulationen durchgeführt wurden, konnten die jeweiligen Werte der Simulation verwendet werden.

Die Versuche des Versuchsplans wurden einzeln jeweils bei Verfügbarkeit der Wärmebehandlungsanlagen durchgeführt. Nach dem Härte- und anschließenden Anlassprozess wurden die Versuchsbauteile analog zur Serienfertigung verfestigungsgestrahlt und gerichtet.

4.3.1.3 Versuchsauswertung

Im Anschluss an die Versuche wurden die jeweiligen Qualitätsmerkmale der Versuchsbauteile im Labor bestimmt. Dabei wurden jedoch nicht nur die zu untersuchenden Merkmale analysiert, sondern sämtliche Bauteilqualitäten bestimmt. Hierdurch konnte mit einem geringen Mehraufwand das gesamte Qualitätsbild mit möglichen Änderungen anderer Qualitätsmerkmale erfasst werden. Trotz Kapazitätsengpässen wurde bei allen Untersuchungen stets das gleiche Labor zur Bestimmung der Messwerte verwendet, um somit zusätzliche Streuungen aufgrund unterschiedlicher Messeinrichtungen, verschiedener Prüfer etc. durch ein weiteres Labor zu vermeiden.

In einem abschließenden Versuchsprotokoll wurden die Versuchsdurchführung und die Laborergebnisse dokumentiert. Die Versuchsergebnisse wurden in Sitzungen mit dem fachlichen Team präsentiert und diskutiert. Aufgrund einer nicht ausreichenden Änderung der Bauteilqualität und damit nicht erreichter Versuchszielwerte wurden einige Versuche mit größeren Änderungen der Wärmebehandlungsparameter wiederholt. Ebenso wurden einzelne Versuche ebenfalls wiederholt, um weitere Erkenntnisse bezüglich der untersuchten Abhängigkeit zu erlangen. Als Beispiele können hier verschiedene Aufkohlungstemperaturen, Diffusionsverweilzeiten oder Reversierfrequenzen der Gasumwälzung im Abschreckvorgang beim Niederdruckaufkohlen genannt werden.

Bestimmung der Messunsicherheit

Wie im vorherigen Kapitel 4.3.1.1 bereits dargestellt wurde, war aufgrund des Versuchs-umfanges und der limitierten Kapazitäten der Wärmebehandlungsanlage für Versuche ei-ne statistische Absicherung der Versuchsergebnisse nicht möglich. Um dennoch sporadi-sche Streuungen der Messwerte von realen Effekten unterscheiden zu können, wurde die erweiterte Messunsicherheit der Messwerte der einzelnen Härtewerte nach DIN EN ISO 6507-1 bestimmt. Hierbei wurden, wie aus der Formel 4.1 ersichtlich, die Messunsicherheit der Härteprüfmaschine u_{HTM} und die Standardunsicherheit der Probe u_x berücksichtigt. Eine detaillierte Darstellung der Vorgehensweise zur Berechnung kann der entsprechen-den Norm entnommen werden.

Messunsicherheit:

$$u = \sqrt{u_{HTM}^2 + u_x^2} \qquad (4.1)$$

mit: u_{HTM} Messunsicherheit der Härteprüfmaschine

   u_x Standardunsicherheit aufgrund der Inhomogenität der Härteverteilung auf der Probe

Aufgrund komplexer Prüfmittelvorrichtungen zur Vermessung der Geometrie der Bauteile wurde als Messunsicherheit die Angabe des Prüfmittelherstellers verwendet. Bei der Be-stimmung der Gefügezusammensetzung wurde eine nach Firmennorm definierte Gefüge-klasse als Messunsicherheitskriterium angesetzt.

Nach der Festlegung der jeweiligen erweiterten Messunsicherheiten der Bauteilqualitäts-parameter, wurde der Betrag der Änderung des entsprechenden Qualitätsparameters aus den Versuchen bzw. Simulationen ΔBQP_V, wie in Formel 4.2 dargestellt, berechnet.

Änderung des Bauteilqualitätsparameters:

$$\Delta BQP_V = \left| \left(\overline{BQP_R} - BQP_V \right) \right| \qquad (4.2)$$

mit: $\overline{BQP_R}$: Mittelwert des Bauteilqualitätsparameters aus den Referenzversuchen

   BQP_V : Messwert des Bauteilqualitätsparameters aus Versuch bzw. Simulation

Waren die Änderungen der Bauteilqualitätsparameter durch die Versuche größer als die zuvor bestimmte Messunsicherheit U_{BQP}, galt das Versuchsergebnis als verlässlich und der Einfluss des betrachteten Wärmebehandlungsparameters auf die Bauteilqualität damit als bestätigt (vgl. Formel 4.3). Für die Änderungen der Bauteilqualitätsparameter, welche durch Simulationen ermittelt wurden, galt dieses Kriterium nicht. Hier wurden sämtliche Werte direkt übernommen.

Gültigkeitskriterium für Versuchsergebnisse:

$$\Delta BQP_V > U_{BQP}$$ (4.3)

mit: U_{BQP} : erweiterte Messunsicherheit des jeweiligen Bauteilqualitätsparameters

ΔBQP_V : Betrag der Änderung des Bauteilqualitätsparameters

Die Bewertung der Experten sollte auf diese Weise nicht überprüft und nachgehend verändert werden. Vielmehr sollten die qualitativen Abhängigkeiten um die Versuchs- und Simulationsergebnisse ergänzt und damit eine zusätzliche Priorisierung der Wärmebehandlungsparameter ermöglicht werden. Diese erweiterte Priorisierung soll nachfolgend dargestellt werden.

Ableitung der erweiterten Priorisierung

Analog zu den Änderungen der Bauteilqualitätsparameter ΔBQP_V wurde zunächst der Betrag der Änderungen der Wärmebehandlungsparameter ΔWBP_V nach Formel 4.4 berechnet:

$$\Delta WBP_V = \left|\left(WBP_R - WBP_V\right)\right|$$ (4.4)

mit: WBP_R : Wärmebehandlungsparameter der Referenzversuche

WBP_V : Wärmebehandlungsparameter aus Versuch bzw. Simulation

Die Ergänzung der Priorisierungsmethodik um eine weitere Differenzierungsmöglichkeit soll nachfolgend anhand Bild 4.15 näher erläutert werden.

Mit der, bereits in Kapitel 4.3.1 dargestellten, vereinfachenden Annahme, dass der Betrag der Änderung des Wärmebehandlungsparameters ΔWBP_V und der Betrag der Änderung eines Bauteilqualitätsparameters ΔWBP_V in einer Simulation bzw. einem Versuch in einem einfachen linearen funktionalem Zusammenhang stehen, gilt:

für den Fall 1 ($\Delta BQP_V > \Delta BQP_P$):

Die Abweichung des vorliegenden Bauteilqualitätsparameters ΔBQP_P ist kleiner als die Änderung des Parameters im Versuch (gestrichelte Linie in Bild 4.15). Die Änderung des Versuchswärmebehandlungsparameters ΔWBP_V kann somit die Ursache für eine Änderung der Bauteilqualität um ΔBQP_P sein. Die ursprüngliche Priorisierung des funktionalen Zusammenhangs „starker Einfluss" (ES = 15) bleibt unverändert.

für den Fall 2 ($\Delta BQP_V \leq \Delta BQP_P$):

In diesem Fall ist die Abweichung des vorliegenden Bauteilqualitätsparameters ΔBQP_P größer oder gleich der Änderung des Parameters im Versuch. Die Änderung des Versuchswärmebehandlungsparameters ΔWBP_V ist mit erhöhter Wahrscheinlichkeit die Ursache für die Änderung der Bauteilqualität um ΔBQP_P. Für die höhere Priorisierung muss die

Abweichung des entsprechenden Wärmebehandlungsparameters zusätzlich mindestens so groß wie bei der Versuchsdurchführung (ΔWBP$_v$) sein. Dies kann jedoch erst bei der späteren Überprüfung und Reparatur der Anlagenstörungen festgestellt werden. Aus diesem Grund wird die Priorisierung zunächst unter Vorbehalt von „starker Einfluss" (ES = 15) auf „starker Einfluss und sehr wahrscheinlich" (ES = 20) erhöht. Diese neue zusätzliche Differenzierungsmöglichkeit bei der Priorisierung stellt die stärkste mögliche Priorisierung bei der Bewertung der funktionalen Zusammenhänge dar. Sollte sich bei der späteren Überprüfung herausstellen, dass die Abweichung des entsprechenden Wärmebehandlungsparameters nicht mindestens der Parameterveränderung aus dem Versuch entspricht, würde durch eine Reparatur der zugehörigen Anlagenstörungen die ursprüngliche Ursache der bemängelten Bauteilqualität wahrscheinlich nicht behoben werden. Die erhöhte Priorisierung wäre an dieser Stelle nicht bestätigt worden und der Grund für das Qualitätsproblem wäre bei den noch verbleibenden zu überprüfenden Wärmebehandlungsparametern zu suchen.

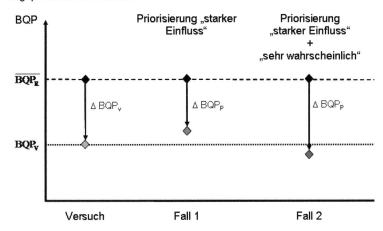

Bild 4.15:   Erweiterung der Priorisierungsmethodik um quantitative Aussagen.

Es sei an dieser Stelle angemerkt, dass die generierten quantitativen Abhängigkeiten bzw. erweiterten Differenzierungsmöglichkeiten zur Priorisierung aufgrund der jeweiligen Versuche äußerst prozess-, anlagen- und bauteilspezifisch sind und daher nicht ohne weiteres auf andere Problemstellungen übertragen werden können. So sind diese Erkenntnisse für Stördiagnosen in der aktuellen Prozess-Anlagen-Bauteil-Konstellation zwar gültig, müssten jedoch bei anderen Bauteilen oder neuen Wärmebehandlungsanlagen auf Übertragbarkeit geprüft und gegebenenfalls wiederholt werden.

4.3.2 Entwicklung des Auswertealgorithmus

In den vorhergehenden Kapiteln wurde dargestellt, wie die qualitativen Abhängigkeiten zwischen Wärmebehandlungs- und Bauteilqualitätsparametern mittels empirischer Untersuchungen in Form von Simulationen und Versuchen um quantitative Aussagen ergänzt wurden und damit die Heuristik um eine weitere Priorisierungsmöglichkeit erweitert wurde. Im vorliegenden Abschnitt der Arbeit wird darauf eingegangen, wie ein Auswertealgorithmus entwickelt wurde, um die bestehende Heuristik zu optimieren und damit die Effizienz der späteren Stördiagnose zu erhöhen.

Um die Auswertung der Ontologie effizienter zu gestalten als die übliche Vorgehensweise erfahrener Experten, wurden die funktionalen Zusammenhänge relativ zueinander evaluiert und die potentiellen Anlagenstörungen über eine Gesamtprioritätskennzahl direkt mit den entsprechenden Bauteilqualitätsproblemen verknüpft. Wie hierbei jeweils im Einzelnen vorgegangen wurde, soll nachfolgend näher dargestellt werden.

4.3.2.1 Relative Einflussstärke

In Kapitel 4.2.2.1 wurden die funktionalen Zusammenhänge zwischen den Wärmebehandlungsparametern und den Bauteilqualitätsproblemen durch die Experten des fachlichen Teams bereits bewertet. Wie zuvor beschrieben, wurden die einzelnen Heuristiken eines Wärmebehandlungsparameters sowohl absolut als auch relativ zueinander bewertet, d.h. dass bei der Bewertung der durch die Veränderung eines Wärmebehandlungsparameters gleichzeitig beeinflussten Qualitätsprobleme den unterschiedlichen Einflussstärken Rechnung getragen wurde.

Bei der Stördiagnose analog zu der Vorgehensweise der Fachleute werden, wie bereits in Kapitel 4.1 dargestellt, zuerst diejenigen Wärmebehandlungsparameter überprüft, welche bezüglich des vorliegenden Qualitätsproblems die höchste absolute Bewertung ("starker Einfluss – ES = 15") aufweisen und somit die wahrscheinlichste Ursache darstellen. Es wäre an dieser Stelle jedoch effizienter, die eben erwähnte relative Bewertung zusätzlich zu berücksichtigen. Auf diese Weise würden zuerst die Wärmebehandlungsparameter überprüft werden, bei denen das vorliegende Qualitätsproblem nicht nur die maximale absolute Bewertung aufweist, sondern gleichzeitig auch höher und damit wahrscheinlicher als andere durch diesen Wärmebehandlungsparameter beeinflusste Qualitätsparameter bewertet wurde. Dies soll nachfolgend anhand eines Beispiels näher erläutert werden.

In Tabelle 4.3 sind drei verschiedene Abweichungen von Bauteilqualitätsparametern (BQP) jeweils drei unterschiedlichen Wärmebehandlungsparametern (WBP) gegenübergestellt. Als Zellwerte sind die entsprechenden Bewertungen der funktionalen Zusammenhänge bzw. Einflussstärken zwischen den jeweiligen Kombinationen eingetragen. So hat beispielsweise der Wärmebehandlungsparameter 1 einen starken, der Wärmebehandlungsparameter 2 einen schwachen und der Wärmebehandlungsparameter 3 einen mittleren Einfluss auf den Bauteilqualitätsparameter 1.

Einflussstärke		Bauteilqualitätsparameter		
		BQP 1	BQP 2	BQP 3
Wärme-behandlungs-parameter	WBP 1	15	15	15
	WBP 2	5	5	10
	WBP 3	10	10	5

Tabelle 4.3: Erläuterungsbeispiel mit unterschiedlichen Einflussstärken zwischen Wärmebehandlungs- und Bauteilqualitätsparametern.

Entsprechend der herkömmlichen Vorgehensweise würden bei der Stördiagnose, beispielsweise bei einer Abweichung des Bauteilqualitätsparameters 3, die Wärmebehandlungsparameter mit abnehmender Einflussstärke bezüglich dieses Bauteilqualitätsparameters überprüft werden: WBP 1, WBP 2, WBP 3. Werden jedoch zusätzlich auch die funktionalen Zusammenhänge der anderen Bauteilqualitätsparameter betrachtet, müssten bei einem Wärmebehandlungsparameter 1 ebenso die Bauteilqualitäten 1 und 2 vorliegen, da diese ebenfalls mit „stark" (15) bewertet wurden. Der Wärmebehandlungsparameter 2 hat zwar nur einen „mittleren" Einfluss (10) auf den Bauteilqualitätsparameter 3, die Bauteilqualitäten 1 und 2 werden hingegen weniger stark beeinflusst. Somit kann es sein, dass eine Änderung des Wärmebehandlungsparameters 2 bereits zu einem Problem mit dem Bauteilqualitätsparameter 3 geführt hat, die Änderung für die Bauteilqualitätsparameter 1 und bzw. oder 2 jedoch noch zu gering war. Somit ist es wahrscheinlicher, dass eine Fehleinstellung des Wärmebehandlungsparameters 2 die Ursache für einen abweichenden Qualitätsparameter 3 ist, als eine Abweichung des Wärmebehandlungsparameters 1. Damit würde sich die folgende Vorgehensweise ergeben: WBP 2, WBP 1, WBP 3.

Um die Bewertung der anderen Bauteilqualitätsparameter bei der Verwendung der Einflussstärke zu berücksichtigen, musste der absolute Wert der Einflussstärke um eine relative Komponente ergänzt werden. Hierzu wurde die Absolutwertung um die Differenz der Absolutwertung der betrachteten Bauteilqualität und der jeweiligen nicht betrachteten Bauteilqualitäten erhöht bzw. verringert. Dies erfolgte anhand der erstellten Formel 4.5 zur Berechnung der relativen Einflussstärke.

$$ES_{Rel} = [ES_1 + (ES_1 - ES_2) + (ES_1 - ES_3) + \ldots (ES_1 - ES_n)] \qquad (4.5)$$

mit: ES_{Rel} = Relative Einflussstärke

ES_i = einzelne absolute Einflussstärke

n = Anzahl der durch den Wärmebehandlungsparameter beeinflussten Bauteilqualitätsprobleme

Bei Verwendung der Berechnungsformel ergibt sich eine maximale relative Einflussstärke, wenn die absolute Bewertung der betrachteten Bauteilqualität maximal („starker Einfluss + sehr wahrscheinlich", ES = 20) und die absolute Bewertung der restlichen, durch den gleichen Wärmebehandlungsparameter beeinflussten Bauteilqualitäten gleich Null ist. Zudem ist somit auch eine negative relative Einflussstärke möglich. Dies ist der Fall, wenn beispielsweise alle anderen Bauteilqualitätsprobleme wesentlich stärker durch eine Fehleinstellung des Wärmebehandlungsparameters beeinflusst werden als die betrachtete Bauteilqualität. Dann ergibt sich ein negativer relativer Anteil der Einflussstärke, welcher größer als der absolute Wert ist und wodurch die relative Einflussstärke schließlich negativ wird.

Relative Einflussstärke / Priorität		Vorliegende Abweichung der (des) Bauteilqualitätsparameter(s)		
		BQP 1	BQP 3	BQP 1 & BQP 3
Wärme- behandlungs- parameter	WBP 1	ES$_{Rel}$: 15 Priorität: 1.	ES$_{Rel}$: 15 Priorität: 2.	ES$_{Rel}$: 30 Priorität: 1.
	WBP 2	ES$_{Rel}$: 0 Priorität: 2.	ES$_{Rel}$: 20 Priorität: 1.	ES$_{Rel}$: 20 Priorität: 2.
	WBP 3	ES$_{Rel}$: 15 Priorität: 1.	ES$_{Rel}$: -5 Priorität: 3.	ES$_{Rel}$: 10 Priorität: 3.

Tabelle 4.4: Priorisierung der Fehleinstellungen der Wärmebehandlungsparameter des Erläuterungsbeispiels je nach vorliegender Abweichung der Qualitätsparameter bei Anwendung der relativen Einflussstärke.

Die anhand dieser Formel für einige ausgewählte Qualitätsabweichungen aus dem zuvor angeführten Erläuterungsbeispiel berechneten relativen Einflussstärken und die sich daraus ergebende Reihenfolge ist in Tabelle 4.4 dargestellt. Hierbei sind in den Zeilen wie zuvor in Tabelle 4.3 die gleichen Fehleinstellungen der Wärmebehandlungsparameter, aber in den Spalten die jeweils betrachteten Qualitätsparameter angeführt. Die Zellwerte geben dabei die relative Einflussstärke und die Priorität der Wärmebehandlungsparameter bei der Überprüfung an. In der letzten Spalte ist ein Beispiel dargestellt, in dem zwei Bauteilqualitätsparameter (BQP 1 & BQP 3) gleichzeitig eine Abweichung aufweisen. Hierzu werden die einzelnen relativen Einflussstärken der jeweiligen Qualitätsprobleme addiert und anhand der Summen anschließend priorisiert. Somit würde nun der Wärmebehandlungsparameter 1 als erstes überprüft werden, anschließend der Wärmebehandlungsparameter 2. Zwar ist die Summe der absoluten Einflussstärken der Wärmebehandlungsparameter 2 und 3 auf die Bauteilqualitätsparameter 1 und 3 identisch (vgl. Tabelle 4.3), jedoch wird der Wärmebehandlungsparameter 2 bei der relativen Einflussstärke (Tabelle 4.4) höher priorisiert, da die absolute Einflussstärke des Wärmebehandlungsparameters 2 auf den Bauteilqualitätsparameter 2 niedriger ist (Tabelle 4.3).

4.3.2.2 Entwicklung einer Gesamtprioritätskennzahl (GPrio)

Nachdem die Priorisierung der funktionalen Zusammenhänge zwischen den Fehleinstellungen der Wärmebehandlungsparameter und den Abweichungen der Bauteilqualitätsparameter durch Verwendung der relativen Einflussstärke optimiert worden war, sollte eine von den vorliegenden Bauteilqualitätsproblemen bis zu den Anlagenstörungen durchgehende Priorisierung ermöglicht werden.

Bei einer konventionellen Stördiagnose werden, wie bereits in Kapitel 4.1 dargestellt, zunächst die Fehleinstellungen der Wärmebehandlungsparameter durch einen Wärmebehandlungsexperten über die bekannten funktionalen Zusammenhänge der vorliegenden Abweichung des Bauteilqualitätsparameters priorisiert (vgl. Bild 4.16 a)). Von diesen Fehleinstellungen ausgehend werden in einem zweiten Schritt mit Hilfe eines Anlagenexperten die jeweils zugehörigen Anlagenstörungen entsprechend ihrer Auftretenshäufigkeit und der benötigten Kontrollzeit sortiert. Auf diese Weise werden zunächst jegliche Anlagenstörungen überprüft, welche über die zugehörigen Wärmebehandlungsparameter zwar indirekt einen hohen funktionalen Zusammenhang bezüglich der Bauteilqualität besitzen, jedoch mit zunehmendem Fortschritt der Stördiagnose eine geringere Auftretenshäufigkeit und längere Kontrollzeiten aufweisen. Aus diesem Grund wäre die Wahrscheinlichkeit ab einem gewissen Zeitpunkt höher, dass Anlagenstörungen mit geringerem Einfluss auf die Bauteilqualitätsparameter, dafür jedoch höheren Auftretenshäufigkeiten die Ursache für die Abweichung des Qualitätsparameters darstellen. Eine Überprüfung dieser Anlagenstörungen mit zusätzlich kürzeren benötigten Kontrollzeiten wäre zudem effizienter.

Eine derartige Vorgehensweise kann jedoch lediglich durch eine, wie in Bild 4.16 b) dargestellten, gleichzeitige Betrachtung aller drei Priorisierungsfaktoren erreicht werden. Auf diese Weise wäre zudem eine direkte Priorisierung der Anlagenstörungen ausgehend von der Abweichung des Qualitätsparameters ohne den Zwischenschritt der Berücksichtigung der Fehleinstellungen der Wärmebehandlungsparameter möglich. Um eine derartige Priorisierungsmethodik zu realisieren ist eine Kombination der drei einzelnen Priorisierungskennzahlen zu einer Gesamtprioritätskennzahl erforderlich. Wie hierbei vorgegangen wurde, soll nachfolgend näher erläutert werden.

Zunächst wurde festgelegt wie die einzelnen Faktoren in die Berechnung der Gesamtprioritätskennzahl (GPrio) eingehen. Da eine maximale Gesamtprioritätskennzahl die maximale Wahrscheinlichkeit einer Anlagenstörung als Ursache für das vorliegende Bauteilqualitätsproblem repräsentiert, müssen die relative Einflussstärke und die Auftretenshäufigkeit ebenfalls maximal, die benötigte Kontrollzeit jedoch minimal sein. Somit muss die Kontrollzeit entweder mit einem negativen Vorzeichen (- KZ) oder als inverser Wert (1/ KZ) in die Berechnung der Gesamtprioritätskennzahl eingehen. Welche der beiden Möglichkeiten Anwendung findet, hängt dabei von der nachfolgend ausgewählten Formel ab.

Aufgrund einer unterschiedlichen Aussagekraft der Priorisierungsfaktoren bezüglich der Wahrscheinlichkeit, dass eine Anlagenstörung die Ursache für das Bauteilqualitätsproblem darstellt, sollte eine Gewichtung der Faktoren in der Formel berücksichtigt werden. So ist es beispielsweise wesentlich wahrscheinlicher, dass eine Anlagenstörung mit einer hohen relativen Einflussstärke und geringen Auftretenshäufigkeit die Ursache für eine Qualitätsabweichung darstellt, als eine Anlagenstörung mit einer hohen Auftretenshäufigkeit und geringer relativer Einflussstärke. Die benötigte Kontrollzeit hingegen enthält keine Aussage über die Wahrscheinlichkeit, sondern dient in erster Linie der Differenzierung bezüglich der Summe aus relativer Einflussstärke und Auftretenshäufigkeit gleich priorisierter Anlagenstörungen. Somit stellt die relative Einflussstärke bei der Gesamtpriorität das wichtigste und die Auftretenshäufigkeit das zweitwichtigste Priorisierungskriterium dar.

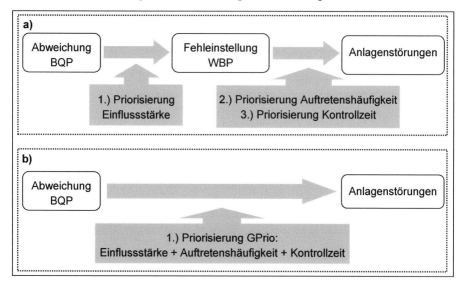

Bild 4.16: **Gegenüberstellung der a) herkömmlichen Vorgehensweise bei der Stördiagnose und b) unter Verwendung der Gesamtprioritätskennzahl.**

Zur Bestimmung der Berechnungsformel der Gesamtprioritätskennzahl wurden in einer Exceltabelle diverse Formeln erstellt und anhand einer Vielzahl unterschiedlicher Zahlentripel der Priorisierungsfaktoren die Empfindlichkeit der jeweiligen Formel auf gezielte Wertänderungen analysiert. In den Formeln wurden die Faktoren in unterschiedlichen Kombinationen über die vier Grundrechenarten miteinander verrechnet und gegebenenfalls durch Koeffizienten bei den Summen bzw. Exponenten bei den Produkten gewichtet. Hierbei wies die schlichte Summe der Faktoren, nachfolgend in Formel 4.6 dargestellt, ein ausreichend empfindliches und leicht nachvollziehbares Priorisierungsverhalten sowohl mit den Standardwerten der jeweiligen Faktoren als auch in deren Grenzbereichen auf.

$$\text{GPrio} = \text{ES}_{\text{Rel}} + \text{AH} + KZ^* \qquad (4.6)$$

mit: GPrio = Gesamtprioritätskennzahl

ES_{Rel} = relative Einflussstärke

AH = Auftretenshäufigkeit

KZ^* = modifizierte benötigte Kontrollzeit

Mit Hilfe von Koeffizienten wäre zusätzlich eine Gewichtung der einzelnen Faktoren möglich gewesen. Aufgrund der unterschiedlichen Wertebereiche der jeweiligen Faktoren war eine Justierung der Gewichtung in dieser Formel jedoch nicht erforderlich. So stellte die relative Einflussstärke aufgrund des größten Wertebereiches die stärkste Gewichtung und die Auftretenshäufigkeit mit einem kleineren Bereich eine untergeordnete Gewichtung dar. Die benötigte Kontrollzeit mit dem kleinsten Wertebereich ermöglichte entsprechend der Anforderungen eine „Feinjustierung" der Gesamtprioritätskennzahl. Zur stärkeren Unterscheidung zwischen verschiedenen Ausprägungen der benötigten Kontrollzeit wurde hier anstelle der bekannten benötigten Kontrollzeit die modifizierte benötigte Kontrollzeit verwendet. Diese soll nachfolgend näher erläutert werden.

Da die benötigte Kontrollzeit in Stunden angegeben wird, sind die Unterschiede der Werte und damit der Einfluss auf die Gesamtprioritätskennzahl zwischen Kontrollzeiten unterhalb einer Stunde verschwindend gering. Bei der Stördiagnose ist es hingegen von großer Bedeutung, ob z.b. zur Überprüfung der ersten fünf Anlagenstörungen jeweils fünf Minuten oder eine Stunde benötigt wird. Um dies zu vermeiden, wurden die im vierten Abschnitt dieses Kapitels bereits erwähnten Möglichkeiten der Berücksichtigung der benötigten Kontrollzeit miteinander kombiniert:

$$KZ \geq 1h => KZ^* = -KZ \qquad (4.7)$$

Dauert die benötigte Kontrollzeit eine Stunde oder länger, reduziert sie die Gesamtprioritätskennzahl linear in Form der modifizierten benötigten Kontrollzeit.

$$KZ < 1h => KZ^* = \frac{1}{KZ} \qquad (4.8)$$

Ist die benötigte Kontrollzeit dagegen kürzer als eine Stunde, wird sie ebenfalls durch die modifizierte benötigte Kontrollzeit berücksichtigt – diesmal jedoch als inverser Wert. Aufgrund der exponentiellen Funktion werden somit selbst kleine Unterschiede bei geringen benötigten Kontrollzeiten mitberücksichtigt.

In Bild 4.17 sind beide Fälle nochmals anschaulich dargestellt. Während auf der Abszisse die benötigte Kontrollzeit in Stunden aufgetragen ist, sind auf der Ordinate die entsprechenden Werte der modifizierten benötigten Kontrollzeit aufgetragen. Während sich längere, über einer Stunde dauernde Kontrollzeiten linear zunehmend negativ auf die Gesamtprioritätskennzahl auswirken, fließen geringere, unter einer Stunde dauernde Kontrollzeiten exponentiell zunehmend positiv ein.

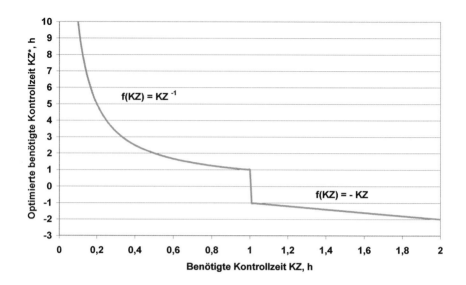

Bild 4.17: Funktionaler Zusammenhang zwischen der benötigten Kontrollzeit (KZ) und der modifizierten benötigten Kontrollzeit (KZ*).

4.4 Excelbasiertes Stördiagnosesystem

Nachdem die Grundheuristik und Taxonomie der Stördiagnose im Bereich der Einsatzhärtung in Kapitel 4.2 bereits in Excel erfasst worden sind, sollten diese nachfolgend um die in Kapitel 4.3 optimierte Heuristik ergänzt und in einem Excel-basierten Stördiagnosesystem realisiert werden. Hierzu war eine Kombination der Wärmebehandlungs- und Anlagenontologie notwendig, was wiederum eine vollständige und aufwändige Umstrukturierung der Wissensbasis erforderlich machte. Die Transferierung der Ergebnisse der empirischen Untersuchungen und des Auswertealgorithmus mit der relativen Einflussstärke und der Gesamtprioritätskennzahl stellte eine weitere wesentliche Herausforderung dar. Um zusätzlich eine Nutzbarkeit durch Dritte zu ermöglichen, wurden bei der Erstellung die Übersichtlichkeit und Anwenderfreundlichkeit des Stördiagnosesystems mitberücksichtigt. Wie hierbei im Einzelnen vorgegangen wurde, soll nachfolgend näher dargestellt werden.

4.4.1 Restrukturierung der Wissensbasis

Aus Gründen der Übersichtlichkeit wird die Vorgehensweise zur Kombination der beiden sehr unterschiedlich strukturierten Datenbanken der Wärmebehandlungs- und der Anlagenontologie anhand einer schematischen Darstellung in den Bildern 4.20 - 4.22 dargestellt. Aus Bild 4.18 ist ersichtlich, wie in der Datenbank der Wärmebehandlungsontologie diverse Bauteilqualitätsparameter von der gleichen Fehleinstellung eines Wärmebehandlungsparameters beeinflusst werden. Die entsprechenden Kombinationen sind jeweils zeilenweise angeordnet. In der Datenbank der Anlagenontologie ist dieser Wärmebehandlungsparameter wiederum von unterschiedlichen Anlagenstörungen bzw. Störungsursachen abhängig. Auch diese wurden in Zeilen strukturiert. Da das einfache, zeilenweise Zusammenführen der beiden Datenbanken, wie in Bild 4.19 dargestellt, einerseits zu einer unübersichtlich langen Datenbank geführt und andererseits die Berechnung der relativen Einflussstärke und Gesamtprioritätskennzahl erheblich erschwert hätte, wurde die Wissensbasis zu einer T-förmigen Doppelmatrix kombiniert. Diese ist in Bild 4.20 dargestellt.

Während auf der rechten Seite der Matrix die Datenbank der Anlagenontologie nahezu unverändert übernommen werden konnte, musste die linke Seite, die Wärmebehandlungsontologie, umstrukturiert werden. Hierbei wurde jedes der betrachteten Bauteilqualitätsparameter in der obersten Zeile nacheinander als Kopf einer Spalte angeordnet. In die Zellen, welche die Schnittpunkte zwischen den Bauteilqualitätsparameter und den Fehleinstellungen der Wärmebehandlungsparameter darstellen, wurden die absoluten Einflussstärken der entsprechenden Kombination eingetragen. Auf diese Weise ist sofort ersichtlich, welcher Bauteilqualitätsparameter von welchen Fehleinstellungen der Wärmebehandlungsparameter wie stark beeinflusst wird. Ebenso ist direkt ersichtlich, welche Fehleinstellung eines Wärmebehandlungsparameters zuerst zu welchen Abweichungen bei den Bauteilqualitätsparametern führen kann.

Wärmebehandlungsdatenbank

Bauteilqualitäts-parameter	Wärmebehandlungs-parameter
BQP 1	WBP 1
BQP 2	WBP 1
...	WBP 1
BQP n	WBP 1
BQP 2	WBP 2
BQP 4	WBP 2
...	WBP 2
BQP n	WBP 2
...	...
BQP n	WBP n

+

Anlagenparameterdatenbank

Wärmebehandlungs-parameter	Anlagen-parameter	
WBP 1	AS 1	SU 1
WBP 1	AS 2	SU 2
WBP 1	...	...
WBP 1	AS n	SU n
WBP 2	AS 1	SU 2
WBP 2	AS 3	SU 3
WBP 2	...	...
WBP 2	AS n	SU n
...	...	...
WBP n	AS n	SU n

Bild 4.18: Schematische Darstellung der Datenbanken der Wärmebehandlungs- und Anlagenontologie.

Bauteilqualitäts-parameter	Wärmebehandlungs-parameter	Anlagen-parameter	
BQP 1	WBP 1	AS 1	SU 1
BQP 1	WBP 1	AS n	SU n
BQP 1	WBP 2	AS 2	SU 2
BQP 1	WBP n	AS n	SU n
BQP 2	WBP 1	AS 1	SU 1
BQP 2	WBP 3	AS 4	SU 5
BQP 2	WBP 3	AS n	SU n
BQP 2	WBP n	AS n	SU n
...	...	...	...
BQP n	WBP n	AS n	SU n

Bild 4.19: Schematische Darstellung Struktur bei einfacher Zusammenführung der beiden Datenbanken.

Bauteilqualitätsparameter				Wärmebehandlungs-parameter	Anlagenparameter	
BQP 1	BQP 2	...	BQP n			
ES	ES	ES	ES	WBP 1	AS 1	SU 1
					AS 2	SU 3
					AS n	SU n
ES	ES	ES	ES	WBP 2	AS 3	SU 4
					AS 4	SU 6
					AS n	SU n
ES	ES	ES	ES	...	...	...
ES	ES	ES	ES	WBP n	AS n	SU n

Bild 4.20: **Schematische Darstellung der T-förmigen Doppelmatrix der Wissensbasis.**

4.4.2 Implementierung der optimierten Heuristik in Excel

Nach der Erstellung der Struktur der Wissensbasis, galt es nun, diese um die optimierte Heuristik zu erweitern. Hierzu sollten sowohl die Ergebnisse der durchgeführten Simulationen und Versuche als auch der erstellte Auswertealgorithmus mit der relativen Einflussstärke und der Gesamtprioritätskennzahl bei der Priorisierung der Anlagenstörungen berücksichtigt werden. Wie hierbei vorgegangen wurde, wird nachfolgend näher dargestellt.

Aus Gründen der Übersichtlichkeit und um eine Vermischung der Rohdaten der erstellten Wissensbasis, dies sind die Einflussstärke, Auftretenshäufigkeit und benötigte Kontrollzeit, mit den daraus berechneten und nachfolgend auszuwertenden Daten, dies sind die quantitative Abhängigkeit, relative Einflussstärke, modifizierte Kontrollzeit und Gesamtprioritätskennzahl, zu verhindern, wurden die Daten separiert. Hierzu wurden die Rohdaten in dem Editorblatt abgespeichert, während die berechneten Daten zwar in der gleichen Datenbank, jedoch in einem neuen Excelblatt, dem Anwenderblatt, angelegt wurden.

Zur Vermeidung einer redundanten Dateneingabe bei nachträglichen Änderungen bzw. Ergänzungen der Wissensbasis und um die Eingabe direkt und ohne die Verwendung von Formeln vornehmen zu können, wurde das Anwenderblatt als Abbild des Editorblattes erstellt. Dies bedeutet, dass die gesamte Wissensbasis, Struktur und Dateninhalte, mit Hilfe einer einfachen „Wenn..., Dann..." - Formel aus dem Editorblatt in das Anwenderblatt verlinkt wurde. Diese Formel sei nachfolgend beispielhaft für den Zellwert A1 dargestellt:

=WENN('Anlage1_Editor'!A1<>"";'Anlage1_Editor'!A1;"")   (4.7)

Durch diese Formel wird Excel angewiesen, zu prüfen, ob der Zellwert A1 des Editorblattes nicht leer ist. Enthält die Zelle einen Wert, wird dieser von der entsprechenden Zelle im Anwenderblatt, ebenfalls A1, übernommen. Ist die Zelle hingegen leer, bleibt sie im Anwenderblatt ebenfalls leer. Entsprechend der Größe der im Editorblatt erstellten Doppeltmatrix, wurde die Formel in jeder Zelle des Anwenderblattes eingetragen. Somit wird eine Änderung im Editorblatt gleichzeitig im Anwenderblatt wirksam.

In einem zweiten Schritt wurden die Formeln für die optimierten Priorisierungsfaktoren und die Gesamtpriorisierungskennzahl in das Anwenderblatt in Excel übertragen. Diese ersetzten dabei in den entsprechenden Zellen die Formeln 4.7 zum Abbilden des Editorblattes. Bei den Formeln der relativen Einflussstärke wurde dabei zwischen der rein qualitativen Nutzung und der quantitativen Nutzung der Stördiagnose unterschieden.

Bei der rein qualitativen Nutzung wurde zunächst eine „Wenn…, dann…" Abfrage durchgeführt, um festzustellen, bei welcher Bauteilqualität eine Abweichung vom Referenz- bzw. Mittelwert vorliegt. Dies erfolgte anhand eines eingetragenen „x" in einem dafür vorgesehenen Feld der entsprechenden Bauteilqualität. Lag die Abweichung der Bauteilqualität vor, wurde die in 4.3.2.1 dargestellte Formel 4.5 zur Berechnung der relativen Einflussstärke angewendet. Die im Editorblatt eingegebenen Einflussstärken wurden dabei unter Anwendung diverser Excelfunktionen, wie SUMME, SUMMEWENN und ZÄHLENWENN, miteinander zu der relativen Einflussstärke verrechnet.

Unter der Voraussetzung, dass bei einer Bauteilqualität eine empirische Untersuchung durchgeführt wurde, konnte die relative Einflussstärke über eine zusätzliche „Wenn …, dann…" Abfrage um die erweiterte quantitative Priorisierung ergänzt werden. Dies erfolgte mit Hilfe eines Eingabefeldes, in welches der Betrag der Abweichung vom sonst üblichen Mittelwert des Bauteilqualitätsparameters eingetragen werden kann. Auf diese Weise ist sowohl eine reaktive – die Qualitätswerte liegen außerhalb der Toleranzgrenze – als auch eine präventive – die Qualitätswerte liegen innerhalb der Toleranzgrenze, weichen jedoch von einem Referenz- bzw. Mittelwert ab – Nutzung des Systems möglich. Bei einer ausreichend großen Abweichung käme dann eine um die erhöhte Priorisierung erweiterte Excelfunktion zur Berechnung der relativen Einflussstärke zur Anwendung. Bei einer zu geringen Abweichung hingegen würde die ursprüngliche Funktion verwendet werden.

Bei der Erstellung der Formeln für sämtliche Kombinationen zwischen Fehleinstellungen der Wärmebehandlungsparameter und Bauteilqualitätsparametern war es ein enormer Vorteil der Matrixform, die Formeln entlang der Zeilen und Spalten kopieren zu können. Während die Werte der Auftretenshäufigkeit direkt übernommen werden konnten und damit keine Änderung der Excelfunktion erforderlich war, wurde bei der optimierten benötigten Kontrollzeit über eine „Wenn …, dann …" Abfrage entschieden, ob der Wert der benötigten Kontrollzeit als inverser oder negativer Wert übernommen wird. Die Gesamtprioritätskennzahl konnte anschließend über eine einfache Summenfunktion aus den relativen Einflussstärken, der Auftretenshäufigkeit und der modifizierten benötigten Kontrollzeit berechnet werden. Anhand dieser können die Anlagenstörungen nachfolgend über die Sortierfunktion von Excel von der höchsten ausgehend, danach absteigend geordnet werden.

4.4.3 Nutzbarkeit des Systems

Vor dem Hintergrund, das wissensbasierte Störddiagnosesystem für Dritte zugänglich zu machen, wurden nach Erstellung der Struktur und Funktionsfähigkeit die Nutzbarkeit und Anwenderfreundlichkeit des Systems verbessert, sowie eine versehentliche Änderung der Daten durch diverse Schutzmechanismen verhindert. Anhand eines Beispielqualitätsproblems soll dies nachfolgend dargestellt werden. Die drei zugehörigen Bilder (Bild 8.1 - Bild 8.3) befinden sich aus Gründen der Lesbarkeit im Anhang.

Ausgehend von einer im Vergleich zum Mittelwert um 0,11 mm zu niedrigen Einsatzhärtetiefe wird zunächst die zu niedrige Einsatzhärtetiefe durch ein „x" im entsprechenden Eingabefeld des wissensbasierten Störddiagnosesystems eingegeben. Die Eingabefelder sind in Bild 8.1 grün dargestellt. Aufgrund einer eingerichteten Gültigkeitsprüfung erscheint bei Auswahl des Eingabefeldes ein Eingabehinweis, wird die Eingabe mit zuvor definierten zulässigen Eingabebereichen abgeglichen und erscheint eine Fehlermeldung bei einer Falscheingabe. Durch einen Schreibschutz der Datei und einer Sperrung sämtlicher Zellen bis auf die Eingabefelder durch einen Blattschutz werden des Weiteren unbeabsichtigte Veränderungen der Daten vermieden. Anschließend, falls wie im betrachteten Beispiel verfügbar, kann der Betrag der Abweichung des Qualitätsparameters vom Mittelwert in dem darunterliegenden gelben Feld eingegeben werden. Auch hier wurde eine Gültigkeitsprüfung installiert.

Um die Anlagenstörungen im Anschluss entsprechend ihrer jeweiligen Gesamtprioritätskennzahl einfach sortieren zu können, wurde das Visual Basic Steuerelement „Gesamtprioritätskennzahl sortieren" erstellt (siehe Bild 8.1). Dieses führt einerseits die Sortierfunktion von Excel aus und blendet zudem Fehleinstellungen der Wärmebehandlungsparameter und die entsprechenden Anlagenstörungen, welche auf die Abweichung des Beispielqualitätsparameters keinerlei Einfluss haben, aus. Das zweite Steuerelement „Zurücksetzen" wurde erstellt, um die Sortierung, beispielsweise für nachträgliche Änderungen der Eingabedaten, rückgängig machen zu können. Hierfür wurde eine im Ausgangszustand bei eins beginnende fortlaufende Zahlenreihe als Identifikationsnummer der Anlagenstörungen erstellt. Anhand dieser ist es nachfolgend möglich, die Anlagenstörungen aufsteigend zu sortieren und damit die Ausgangsreihenfolge wieder herzustellen.

Aus Bild 8.1 ist ersichtlich, dass die berechneten relativen Einflussstärken, welche unter den Eingabefeldern erscheinen, gelb markiert sind. Diese bedingte Formatierung wird aktiviert, wenn die erhöhte Priorisierung bei der Berechnung berücksichtigt wurde, d.h. der eingetragene Wert der Abweichung des Qualitätsparameters ist größer als die bei der empirischen Untersuchung festgestellte Abweichung. Die gleiche bedingte Formatierung wurde bei der Darstellung des Betrages der Änderung des Wärmebehandlungsparameters im Versuch ΔWBP_v, in Bild 8.2 als Ausprägung quantitativ bezeichnet, verwendet. Der im betrachteten Beispiel angezeigte Zellinhalt bedeutet dabei, dass sich in der durchgeführten Simulation bei einer Reduktion der Taktzeit in der Aufkohlungszone um 5 Minuten die Einsatzhärtungstiefe um 0,1 mm verringert hat. Anhand dieser Angabe kann bei der Überprüfung der potentiellen Anlagenstörungen festgestellt werden, ob die tatsächliche Ursache für die Abweichung des Qualitätsparameters gefunden wurde. Bis auf die angezeigte höchstpriorisierte Anlagenstörung „Sollwerteinstellung falsch" wurden alle übrigen Anlagenstörungen aus Geheimhaltungsgründen unkenntlich gemacht.

Die jeweiligen werkstoffkundlichen Erklärungen der Zusammenhänge zwischen den Fehleinstellungen der Wärmebehandlungsparameter und den Abweichungen der Bauteilqualitätsparameter können auf Wunsch, wie in Bild 8.3 aufgezeigt, durch Aufklappen der jeweils direkt neben dem eingetragenen Wert der relativen Einflussstärke gruppierten Erklärungsspalte angezeigt werden. Der enorme Aufwand, um diese Möglichkeit umzusetzen, stellte den einzigen Nachteil der Matrixstruktur dar. Wie diese Erklärungsspalte wurden jegliche Daten, welche zur Stördiagnose nicht direkt einsehbar sein mussten, über die Gruppierungs- und Gliederungsfunktion von Excel ausgeblendet.

Ein derartiges wissensbasiertes Stördiagnosesystem wurde für jede der vier betrachteten Wärmebehandlungsanlagen erstellt. Im Durchschnitt umfasste eine Exceldatei ca. 72.000 funktionale Zusammenhänge zwischen Bauteilqualitätsproblemen und Fehleinstellungen der Wärmebehandlungsparameter bzw. Anlagenstörungen. Dies soll einen ungefähren Eindruck über den Umfang der wissensbasierten Systeme vermitteln.

4.5 Zwischenfazit

Die konventionelle Stördiagnose im Bereich der Einsatzhärtung erfolgt bei abweichenden Qualitätsparametern entlang der Prozesskette mit Hilfe von entsprechenden Experten nach jeweils individuellen, erfahrungsbasierten und teilweise intuitiven Schemata. Abhängig von der Verfügbarkeit und dem Wissen des Werkstoff-, Wärmebehandlungs- und Anlagenexperten sind Vollständigkeit und Priorisierungsreihenfolge der zu überprüfenden Anlagenstörungen bzw. Bedienfehler und damit die Effizienz der Stördiagnose häufig sehr unterschiedlich und suboptimal.

Mit dem Ziel, eine standardisierte, höchsteffiziente und zudem präventiv nutzbare Stördiagnose im Bereich der Einsatzhärtung zu ermöglichen, sollte eine Wissensbasis erstellt werden. Hierzu wurden die Grundheuristik, bestehend aus Wärmebehandlungs-, Anlagen- und Werkstoffontologie und die übergeordnete Priorisierungsmethodik in Exceldatenbanken nachgebildet. Anschließend wurde die Heuristik durch eine zusätzliche Priorisierungsmöglichkeit in Form einer quantitativen Evaluierung der Abweichung der Qualitätsparameter von einem Referenzwert erweitert und ferner durch einen entwickelten Auswertealgorithmus optimiert. Diese zunächst theoretisch erstellten Verbesserungsmaßnahmen wurden anschließend mit der vorhandenen Grundheuristik kombiniert und in einem Excel-basierten Stördiagnosesystem realisiert. Dieses System versetzt Laien auf diesen Gebieten in die Lage, bei akuten sowie präventiven Stördiagnosen durch eine vollständige Betrachtung jeglicher potentieller Parameter und der Verwendung einer standardisierten und bezüglich Effizienz optimierten Methodik wesentlich exakter und schneller die ursächlichen Anlagenstörungen zu identifizieren als entsprechende Fachleute.

Durch diverse Maßnahmen konnte zwar eine Steigerung der Nutzbarkeit des Systems für die Anwender erreicht werden, jedoch war die Anwenderfreundlichkeit für Editoren unzureichend. Des Weiteren waren dem System, bedingt durch das verwendete Softwareprogramm Excel, ebenfalls Grenzen bezüglich der Umsetzbarkeit diverser anderer wichtiger Funktionen gesetzt. So war beispielsweise eine zusätzliche Darstellung erklärender Bilder und ausführlicher, weiterführender Informationen nicht umsetzbar. Auch die Aufzeichung einer Änderungshistorie der Wissensbasis oder eine statistische Auswertung der angefallenen und eingegebenen Abweichungen der Qualitätsparameter konnte mit dem verwendeten Programm nicht realisiert werden. Aus diesen Gründen soll entsprechend des zweiten Teils der Aufgabenstellung dieser Arbeit nachfolgend eine Softwareplattform ausgewählt werden, in welcher diese und zusätzliche, in Kapitel 6 aufgeführte, Funktionen verwirklicht werden können. Bei der anschließenden Umsetzung soll dann die bereits erstellte Wissensbasis in die Softwareplattform implementiert werden. Dies wird anhand der folgenden beiden Kapitel näher dargestellt.

5 Softwaretechnische Realisierung des Diagnosesystems

Mit dem Ziel, aufbauend auf den Eigenschaften der bereits vorhandenen Stördiagnose auf Excelbasis, ein wissensbasiertes Stördiagnosesystem mit erweiterter Funktionalität und einer gesteigerten Anwenderfreundlichkeit zu erstellen, wurde anhand diverser übergeordneter Kriterien eine erste Vorauswahl bezüglich der verfügbaren Realisierungsmöglichkeiten durchgeführt. Bei der anschließenden Erstellung eines Lastenheftes wurden die Zielbestimmung, der Produkteinsatz und die detaillierten Produktfunktionen der entsprechenden Softwareplattform definiert. Die anhand einer durchgeführten Marktstudie erstellte Systemlandschaft wurde abschließend anhand der sich aus dem Lastenheft ergebenden Anforderungen bewertet und die optimale Lösung ausgewählt. Die detaillierte Vorgehensweise ist nachfolgend dargestellt.

5.1 Informatikwerkzeuge – Realisierungsmethode

Den funktionellen Anforderungen an das spätere Diagnosesystem übergeordnet und von diesen somit unabhängig wurden bezüglich der Auswahl der Realisierungsmöglichkeiten diverse Mindestanforderungen aufgestellt. So waren eine einfache Erstellung bzw. Erweiterung des Stördiagnosesystems mit minimalen Programmierkenntnissen, eine maximale Verfügbarkeit und damit hohe Laufstabilität und eine geringe, jedoch bei Bedarf zuverlässige, Instandhaltung des Systems sowie eine größtmögliche Kongruenz der softwaretechnischen Lösung mit der Problemstellung bei gleichzeitig ausreichender Flexibilität zu erfüllende Bedingungen. Des Weiteren waren die Kosten für die Umsetzung auf 10.000 € limitiert.

Um diesen Anforderungen gerecht zu werden, standen die folgenden drei Hauptalternativen zur softwaretechnischen Realisierung des wissensbasierten Stördiagnosesystems zur Auswahl:

1.) Verwendung eines bereits bei der BMW Group existierenden Softwaresystems

2.) Erstellung einer individuellen Software anhand einer dafür geeigneten Programmiersprache der künstlichen Intelligenz (z.B. JAVA, LISP, PROLOG, etc.)

3.) Einsatz einer spezialisierten Entwicklungsumgebung bzw. Software-Shell für wissensbasierte Stördiagnosesysteme

Zwar existierten im Intranet der BMW Group bereits einige Wissensmanagementsysteme, jedoch war mit diesen eine Umsetzung, aufgrund der Komplexität und des Umfangs der bereits erstellten und zu implementierenden Wissensbasis, nicht möglich. Bei der individuellen Erstellung des Stördiagnosesystems mittels einer der Programmiersprachen der künstlichen Intelligenz wäre dies hingegen kein Hindernis gewesen. Des Weiteren wären zwar eine maximale Flexibilität bei der Umsetzung des Systems und damit eine maßgeschneiderte Lösung der Problemstellung möglich gewesen, auf der anderen Seite wären jedoch ebenfalls ein hoher Erstellungs-, Test- und Optimierungsaufwand und sehr fundierte Kenntnisse in der entsprechenden Programmiersprache erforderlich gewesen. Des Weiteren wäre die Gewährleistung der Verfügbarkeit des Systems bei möglichen Programmierfehlern, Störungen oder Wartungen durch einen technischen Support durch Dritte äußerst kompliziert gewesen.

Die dritte Möglichkeit, eine auf die Problemstellungen der Stördiagnose spezialisierte Software-Shell, d.h. eine „leere Softwareschale", stellte hierbei den Gegensatz zu einer selbstprogrammierten Lösung dar. Da die Entwicklung und das Testen der „Schale", d.h. der problemunabhängigen Programmbausteine zur Eingabe, Verarbeitung und Präsentation einer problemspezifischen Wissensbasis, entfällt, ist das Risiko des Systemversagens durch Programmierfehler bei einer gleichzeitigen Zeitersparnis zur Erstellung des wissensbasierten Stördiagnosesystems äußerst gering. Die Behebung systembedingter Probleme sowie die Wartung können bei Bedarf an den externen Hersteller der Shell vergeben werden. Die Pflege der eigens und ohne Programmierkenntnisse erstellten Wissensbasis kann hingegen durch interne Mitarbeiter übernommen werden. Diesen Vorteilen durch bereits vorhandene Softwarekomponenten der Shell standen jedoch eine dadurch bedingte Fokussierung des Systems auf einen gewissen Einsatzbereich und somit eine nur schwer umzusetzende Modifikation der Komponenten gegenüber. Aufgrund der Vielzahl an Softwarefirmen, welche Shells für unterschiedliche Arten von Stördiagnosesystemen herstellen, konnte jedoch davon ausgegangen werden, dass eine für die vorliegende Problemstellung adäquate Lösung gefunden werden würde. Damit stellte dieses im metaphorischen Sinne intelligente, jedoch unwissende System [Hell 97] die am besten geeignete Methode zur Realisierung des wissensbasierten Stördiagnosesystems dar.

5.2 Leistungsanforderungen an die Software

Da mittlerweile jedoch nicht nur eine Vielzahl diverser Software Shells, sondern auch sehr unterschiedlich konzipierte Systeme existieren und um später unnötige Modifikationen oder Anpassungen der gekauften Shell zu vermeiden, wurden die jeweiligen Anforderungen an die einzelnen Komponenten des Systems in einem in Anlehnung an DIN 69905 und dem Lehrbuch für Softwaretechnik von Helmut Balzert erstellten Lastenheft definiert [DIN 69905, BALZ 96]. Die in diesem Zusammenhang aufgestellten ergebnisorientierten Produktanforderungen werden nachfolgend dargestellt.

Um zunächst bei allen am Erwerb der Shell beteiligten Personen ein gemeinsames Verständnis für die Problemstellung zu bilden, wurde eine klare Zielbestimmung der zu verwendenden Software erstellt:

„Ziel des „**W**issensbasierten **S**tördiagnosesystems **E**insatzhärten (**WiSE**)" ist es, Produktionsmitarbeiter bei Qualitätsdrifts bzw. Bauteilqualitätsproblemen im Bereich des Einsatzhärtens zu befähigen, unter Verwendung des in der Wissensbasis modellierten heuristischen Erfahrungswissens entsprechender Experten eine zeit- und ortsunabhängige, werkstoffkundlich nachvollziehbare sowie effiziente Identifizierung potentiell ursächlicher Anlagenstörungen zu ermöglichen."

Des Weiteren wurde der genaue Produkteinsatz des späteren Stördiagnosesystems spezifiziert. Als potentielle Systemanwender wurden die Meister der Härterei, die Bediener der Wärmebehandlungsanlagen oder die Fachexperten selbst festgelegt. Sowohl die Büroarbeitsplätze der Anwender als auch verschiedene Computerterminals in der Härterei kamen hierbei als Anwendungsbereich des Systems in Frage. Da es während der Überprüfung der Anlagenstörungen erforderlich sein wird, an verschiedenen Stellen der Anlagen einige Messgrößen zu kontrollieren, wurde die Anwendbarkeit des Systems als mobile Stand-Alone-Version auf Notebooks oder Tablet-PCs als zusätzliche Option festgehalten.

Nachdem die Architektur wissensbasierter Systeme bereits in Kapitel 2.2.3 dargestellt wurde, ergaben sich die Anforderungen an die Softwareplattform aus der bereits vorhandenen Wissensbasis, den Kriterien bezüglich der Implementierung der Wissensbasis in die Software-Shell und den Leistungsanforderungen an das fertige System. Da die Funktionalität und Laufstabilität des späteren Systems gänzlich von der Wissensbasis, der Problemlösungskomponente und der gegenseitigen Abstimmung beider beeinflusst wird, wurde bei der Auswahl der Shell besonders auf die Eigenschaften der Problemlösungskomponente geachtet.

Bei der nachfolgend detaillierten Spezifikation der unterschiedlichen Systemanforderungen wurde jeweils zwischen den unverzichtbaren Produktfunktionen (A_XX), den Bewertungskriterien (B_XX) und den wünschenswerten Nebenkriterien (C_XX) unterschieden. Diese sollen nachfolgend, jeweils untergliedert nach den unterschiedlichen Shellkomponenten, der Reihe nach aufgezeigt werden.

Problemlösungskomponente

Mit dem Ziel, sämtliche Ausprägungen, Heuristiken und den entwickelten Auswertealgorithmus der auf Excelbasis erstellten Wissensbasis im späteren System abbilden zu können, wurden folgende Produktanforderungen an die Problemlösungskomponente gestellt:

A_01 Zur Darstellung der Heuristiken zwischen den einzelnen Anlagenstörungen (Ursachen) und Wärmebehandlungsparametern bzw. Bauteilqualitätsparametern (Wirkung) der Wissensbasis, muss die Problemlösungskomponente in der Lage sein, Produktionsregeln („Wenn …, dann …"-Regeln) abzubilden. Diese müssen darüber hinaus für die Darstellung der qualitativen Abhängigkeiten über Bool'sche Operatoren, d.h. über Konjunktion (UND), Disjunktion (ODER) und Negation (NICHT), miteinander kombinierbar sein. Zur Realisierung der quantitativen Abhängigkeiten ist zusätzlich eine Verarbeitung reeller Zahlen durch vergleichende Operatoren, z.B. Größer, Kleiner, Gleich, etc., erforderlich.

A_02 Charakteristisch für diagnostische Systeme muss ausgehend von den Wirkungen oder Symptomen, hier den Bauteilqualitätsproblemen, auf die Ursachen, in diesem Fall die Anlagenstörungen, geschlossen werden können. Diese datengesteuerte Verarbeitung von Regeln – Abfrage der fallspezifischen Daten und Verwendung der geeigneten Regeln – wird auch als „forward-chaining" bezeichnet und ist eine Grundstrategie der Wissensverarbeitung, welche der Vorgehensweise der jeweiligen Fachleute entspricht [CURT 91, PUPP 91].

A_03   Zur Verarbeitung unvollständigen, d.h. mit „unbekannt" beantwortete Fragen, und unsicheren (heuristischen) Wissens bietet sich die Verwendung assoziativer heuristischer Entscheidungsbäume an. Dies ist ein für Diagnostikprobleme geeignetes objektbasiertes Wissensformalisierungsmuster, mit welchem die zuvor erstellten Ontologien abgebildet und verarbeitet werden können. Mit Hilfe von Diagnose-Scores, auch Certainity Factors genannt, sollen die im Excel-basierten System verwendeten Wahrscheinlichkeitsbewertungen der Lösungen in Form von Auftretenshäufigkeit, Einflussstärke bzw. Gesamtprioritätskennzahl realisiert werden. Hierbei werden den einzelnen Lösungen, analog zur Excel-basierten Version, positive bzw. negative Bewertungen vergeben. Die abschließende Anzeige der Lösungen erfolgt gegliedert nach der jeweiligen akkumulierten Bewertung der Lösungen. Eine ausführliche Erläuterung dieses Punktes wird in [PUPP 01] dargestellt.

B_01   Die Komponente sollte in der Lage sein, selbstständige Plausibilitäts- und Konsistenzkontrollen der vom Benutzer bzw. vom Editor eingegebenen Daten durchzuführen. Hierbei soll beispielsweise überprüft werden, ob die Eingabedaten in einem definierten Wertebereich liegen bzw. gegen bereits bestehende Daten oder Regeln widersprechen.

Akquisitionskomponente

Damit für den Wissenserwerb weder Programmierkenntnisse noch ein größerer Einarbeitungsaufwand notwendig sind und eine nachvollziehbare Strukturierung der Wissensbasis für eine leichte Aktualisierbarkeit der Daten möglich ist, wurden nachfolgende Anforderungen aufgestellt:

A_01   Um einen möglichst intuitiven Umgang mit der Komponente zu ermöglichen, muss der Wissenserwerb mit Hilfe einer durchgängig grafischen Wissensabstraktion in Form einer visuellen Syntax mit vorgegebener Semantik erfolgen.

A_02   Aufgrund einer für die Fehlerlokalisierung typischen Darstellung eines räumlichen Ursache-Wirkungs-Zusammenhangs [ENGE 96] muss der Wissenserwerb analog zur Funktionsweise der Problemlösungskomponente in entscheidungsbaumtypischer Form möglich sein.

B_01   Der modulare Aufbau der Wissensbasis und eine damit verbundene Wiederverwendbarkeit bereits erstellter Module sowie die Vererbung der Änderungen eines Moduls auf gleiche andere, sollten in der Akquisitionskomponente möglich sein.

B_02 Mit Hilfe einer „Debugging-Funktion" sollen im Editor-Modus Fehler in ausgewählten Teilen bzw. der gesamten Wissensbasis lokalisiert werden können.

B_03 In der Komponente sollte eine einfache Methode verfügbar sein, um unterschiedliche mediale Inhalte (Bilder, Textdokumente, etc.) in die Wissensbasis
einzubinden.

Benutzeroberfläche

Um eine gewisse Akzeptanz des Systems im Unternehmen zu erreichen, waren neben der
Funktionalität insbesondere eine anwenderfreundliche Bedienbarkeit sowie eine Nachvoll-
ziehbarkeit der Lösungen wichtige Eigenschaften des späteren Systems. Die detaillierten
Anforderungen an die Benutzeroberfläche sind nachfolgend dargestellt:

A_01 Um den Eingabeaufwand auf ein Minimum zu beschränken (so viel wie nötig
und so wenig wie möglich), müssen bei der Benutzeroberfläche dynamische
Fragebögen verwendet werden, d.h. dass entsprechend der eingegebenen Daten lediglich relevante Folgefragen gestellt werden. Des Weiteren müssen re-
dundante Frage durch eine interne Speicherung der Daten im dynamischen Teil
der Wissensbasis vermieden werden.

A_02 Zur Gewährleistung der Anwenderfreundlichkeit ist eine intuitive Bedienbarkeit
des Systems bei gleichzeitiger Vermeidung von Falscheingaben notwendig.
Somit muss die Darstellung und Verarbeitung von „Multiple Choice", „One
Choice", „Ja/ Nein" Fragen und numerischen Fragen möglich sein. Hierbei muss
bei den numerischen Fragen ein zulässiger Eingabebereich definierbar sein.

A_03 Die abschließende Darstellung der Diagnoselösungen bzw. Anlagenstörungen
muss in einer entsprechend den Priorisierungen untergliederten Liste (evtl.
„TOP 10", etc.) erfolgen.

A_04 Die unter Punkt A_03 erstellte Liste muss über einen lokalen oder Netzwerkdru-
cker ausdruckbar sein.

A_05 Im Anschluss an die Überprüfung der in der Liste dargestellten Lösungen muss
es die Möglichkeit einer Feedbackeingabe geben, in welcher die Gültigkeit und
Priorisierung der einzelnen Lösungen der Wissensbasis bewertet werden können.

A_06 Sowohl die eingegebenen Daten des Qualitätsproblems als auch die diesbezüglich vom System erstellten Lösungen sowie das abschließend vom Benutzer
eingegebene Feedback, müssen nach unterschiedlichen Kriterien (Qualitätsproblem, Wärmebehandlungsanlage, Anlagenstörung, etc.) auswertbar sein.*

B_01 Die Benutzeroberfläche sollte die Corporate-Identity-Richtlinien erfüllen und
zwecks einer einheitlichen Darstellung unabhängig vom verwendeten Betriebssystem sein.

B_02   Es sollte eine Benutzeranmeldung am System erfolgen, damit bei der späteren Auswertung der Eingabedaten, der gestellten Diagnosen und der Bewertungen der Diagnosen Rücksprache mit dem jeweiligen Benutzer gehalten werden kann.

C_01   Eine grafische Darstellung des Fortschritts der Stördiagnose während der Eingabe der Daten des Qualitätsproblems wäre sinnvoll.

C_02   Anstatt die einzelnen an den Anlagen überprüften Messgrößen in einer Liste (Punkt A_04) abzuhaken, wäre eine direkte Eingabe des entsprechenden Feedbacks in das System mit Hilfe eines Notebooks oder PDAs komfortabler.**

Anmerkungen:

*   zu A_06: Die Auswertung der Daten und anschließende Änderung der Priorisierungen der einzelnen Abhängigkeiten sollte ursprünglich durch einen selbstlernenden Algorithmus erfolgen. Da sich jedoch in den ersten Gesprächen mit den Softwareherstellern herausstellte, dass dies enorm schwierig umzusetzen wäre und das System hierdurch eine schwer zu kontrollierende Selbstständigkeit entwickeln würde, wurde eine manuelle Auswertung und Änderung, wie in A_06 dargestellt, bevorzugt.

**   zu C_02: Da eine Realisierung dieses Punktes lediglich eine wünschenswerte Produktanforderung darstellte, von Seiten der Softwarehersteller einen erheblichen Mehraufwand und damit Kosten bedeutet hätte und mit einer zusätzlichen Investition in Peripheriegeräte verbunden gewesen wäre, wurde dieser Punkt nach ersten Gesprächen mit den Softwareherstellern aus dem Lastenheft entfernt

Erklärungskomponente

Vor dem Hintergrund, die Akzeptanz bei den Anwendern zu erhöhen und zudem eine Nachverfolgbarkeit der Lösungserstellung des Systems für die Editoren zu ermöglichen, wurden folgende Anforderungen an die Erklärungskomponente gestellt:

A_01   Zu den einzelnen durch das System diagnostizierten Anlagenstörungen bzw. Bedienfehlern muss der Anwender die jeweiligen, in unterschiedlichen Dateiformaten dargestellten, werkstoffkundlichen Hintergründe der einzelnen Diagnosevorschläge aufrufen können.

A_02   Eine übersichtliche, bestenfalls analog zur Akquisitionskomponente, grafische Darstellung, welche Regeln der Wissensbasis für die jeweiligen diagnostizierten Lösungen durch das System angewendet wurden, ist für den Editor zum Überprüfen bzw. Justieren des Regelwerkes erforderlich.

B_01   Zu jeder angezeigten Frage im Benutzerdialog sollten zusätzliche Informationen, wie Erklärungen oder Hinweise, zur Verfügung gestellt werden können.

System Architektur

Nachdem die Anforderungen an die jeweiligen Komponenten der Shell definiert wurden, soll nachfolgend die Architektur und systemtechnische Umsetzung der Software festgelegt werden.

A_01 Um einen schnellen, rechnerunabhängigen und zeitgleichen Zugriff der Anwender auf die aktuellste Version der Wissensbasis zu ermöglichen, muss die Software als Netzwerklösung realisierbar sein [SCHO 93]. Die Software sowie die Wissensbasis werden dabei auf einem über das Intranet zentral zugänglichen Server abgelegt und müssen nachfolgend lediglich dort gewartet und aktualisiert werden.

A_02 Zur Reduzierung der Anforderungen an die jeweiligen Anwenderrechner und zur Vermeidung eines unnötigen Installationsaufwandes muss eine Client-Server Architektur für das System verwendet werden. Hierbei wird durch die zur Standardausstattung eines jeden Computers gehörenden Browser, wie Microsoft Internet Explorer, Netscape, Mozilla Firefox oder Opera, über das Firmennetzwerk auf die Software bzw. Wissensbasis des Servers zugegriffen.

A_03 Die Software muss auf einer verbreiteten, unabhängigen Programmiersprache (z.B. JAVA) basieren, um die Lauffähigkeit auf verschiedenen (Server-) Betriebssystemen und Rechnerarchitekturen langfristig sicherzustellen. Auf diese Weise können Erweiterungen und Modifikationen der Software auch unabhängig von dem Hersteller erfolgen.

A_04 Zugriffe auf die Einstellungen der Software, die Wissensbasis und alle sensiblen Bereiche des Systems müssen passwortgeschützt sein. Dies könnte in Form einer Passwort-Anmeldung mit Berechtigungsstufen, beispielsweise über Windows, realisiert werden. Alternativ besteht die Möglichkeit der strikten Trennung des Anwender- und Editorbereiches.

Qualitätsanforderungen

Zusätzlich zu den unterschiedlichen Produktanforderungen an die jeweiligen Komponenten wurden übergeordnete Qualitätsanforderungen an das Gesamtsystem definiert. Aufgrund der durchgehend starken Beeinflussung der Systemqualität, konnte auf die zuvor praktizierte Differenzierung bezüglich der Gewichtung der Anforderungen an dieser Stelle verzichtet werden.

Vor dem Hintergrund, Softwarefehler zu vermeiden und damit eine maximale Laufstabilität des späteren Systems gewährleisten zu können, müssen die Eigenschaften der vom Hersteller angebotenen Software möglichst kongruent zu den zuvor angeführten Anforderungen und ein Anpassungsaufwand damit möglichst gering sein. Des Weiteren wird das Risiko einer eingeschränkten Funktionalität des Systems bzw. eines Systemausfalls verringert, wenn Referenzkunden des Herstellers existieren, welchen die Software seit längerer

Zeit unter ähnlichen oder anspruchsvolleren Bedingungen als die dargestellten im Einsatz haben.

Sollte sich trotzdem ein Systemausfall ereignen, muss eine Mindestverfügbarkeit des Systems über ein Supportangebot des Herstellers ermöglicht werden. Wegen einer auf Erfahrungswerten basierenden Auftretenshäufigkeit von einer Anfrage an das System pro Woche ist ein telefonischer Support zu den üblichen Bürozeiten innerhalb von 24 Stunden bzw. bei Bedarf ein Vor-Ort-Support innerhalb einer Woche ausreichend. Aufgrund der Forderung einer hohen Laufstabilität des Systems und der Möglichkeit, notfalls auf das bestehende Excel-basierte Diagnosesystem zurückgreifen zu können, wurden die Support-Anforderungen an dieser Stelle aus Kostengründen eher gering angesetzt.

In einer Produktbeschreibung müssen die Anforderungen des Softwareproduktes an die IT-Infrastruktur (Server, Speicherplatz, Betriebssystem des Servers, etc.) für den BMW-internen IT-Management-Prozess erläutert und die externen Schnittstellen des Programms für potentielle zukünftige Verknüpfungen mit anderen Systemen bzw. für eine Erweiterung der Software klar definiert sein.

Umsetzung

Der Realisierungszeitraum, d.h. die von der eventuellen Anpassung der gekauften Software an die zuvor dargestellten Anforderungskriterien bis zur Implementierung des Softwareproduktes in das Firmennetzwerk erforderliche Zeitdauer, darf zur Einhaltung des Projektzeitplans maximal drei Monate in Anspruch nehmen.

Des Weiteren dürfen die Gesamtkosten der softwaretechnischen Realisierung, d.h. Kauf und Installation der Software in das firmeninterne Rechnernetzwerk, Einweisung in die Bedienung und Unterstützung bei der Implementierung der Wissensbasis, die festgelegte Budgetobergrenze nicht überschreiten.

5.3 Auswahl der Software-Shell

Wie bereits in Kap. 2.2.5. dargestellt, existieren unterschiedliche Klassen von Expertensystemen, welche sich anhand ihres Problemlösungstypus unterscheiden. Da sich die in der erstellten Wissensbasis verwendete Problemlösungsstrategie am besten der Klasse der assoziativen Diagnosesysteme zuordnen lässt, wurde sich bei der nachfolgenden Marktanalyse auf derartige Systeme konzentriert.

Die Sondierung des Marktes erfolgte in erster Linie anhand einer Internetrecherche, bei welcher technologisch unterschiedlich ausgereifte Softwaresysteme, von universitären Forschungsprojekten bis hin zu langjährig etablierten Systemen, betrachtet wurden. Auf Basis der auf den jeweiligen Firmenhomepages und aus Emailkontakten bzw. Telefonaten verfügbaren Informationen wurde eine erste Vorauswahl getroffen. Folgende Kriterien waren dabei relevant:

- Maximale Abdeckung der unverzichtbaren Produktfunktionen (A_XX) der unterschiedlichen Shell-Komponenten

- Problemlösungsstrategie der Software (assoziative Diagnostik)

- Reifegrad der Software (Entwicklungsjahr, Softwareversion)

- Referenzkunden / -projekte (evtl. Zusammenarbeit mit der BMW Group in der Vergangenheit)

- Unternehmenshistorie (Gründungsjahr, Anzahl der Mitarbeiter)

Von über 100 identifizierten Anbietern kamen sieben Unternehmen in die engere Wahl: der Lehrstuhl Künstliche Intelligenz (Lehrstuhl KI) der Universität Würzburg, das Start-Up Unternehmen Tetrix Systems (Tetrix), drei klein- und mittelständische Unternehmen (kmU), namentlich Rit edv consulting GmbH (Rit), Orisa Software GmbH (Orisa) und iisy Intelligente Informationssysteme AG (iisy) sowie die zwei Tochterfirmen der Großkonzerne Bertelsmann AG bzw. SCHUFA Holding AG, die Firmen Empolis GmbH (Empolis) bzw. Insiders GmbH (Insiders).

In Gesprächsterminen haben sich die Firmen mit einer Firmenpräsentation sowie einer Demonstration der Funktionalitäten des jeweiligen Softwaretools vorgestellt. Zudem wurde seitens der BMW Group die Excel-basierte Lösung samt ihren Funktionen vorgestellt und die systemtechnische Realisierbarkeit des im Vorfeld zugesendeten Lastenheftes diskutiert und bewertet. Im Anschluss an die Gespräche wurde von den Firmen jeweils ein individuelles Angebot erstellt und zugesendet.

Auf Basis der Angebote und der in den Gesprächsterminen erlangten Informationen wurde die in Tabelle 5.1 dargestellte Bewertungsmatrix erstellt. Hierbei wurden den Softwaresystemen der sieben Anbieter zunächst die unverzichtbaren Anforderungskriterien (A_XX) aus dem Lastenheft als Bewertungskriterien gegenübergestellt und qualitativ bewertet. Für den Fall, dass zwei oder mehr Software–Shells die beste Gesamtbewertung erhalten sollten, wurde die Auswahl über die Anforderungskriterien B_XX und C_XX getroffen.

Die vier Systemkomponenten der Software (Problemlösungskomponente, Akquisitionskomponente, Erklärungskomponente und Benutzeroberfläche) wurden gemeinsam bewertet. Die Produktfunktionen aller sieben Systeme decken sich zu 100 % mit den Anforderungen A_XX. Mit den durchweg unverzichtbaren Anforderungen aus dem Lastenheft bezüglich der Systemarchitektur, stimmten die betrachteten Systeme ebenfalls vollständig überein.

Die Bewertung des Risikos eines Systemausfalls als Teil der Qualitätsanforderungen erfolgte anhand der Leistungsanforderungen an die Software im Einsatz bei Referenzkunden und der entsprechenden Anzahl an Referenzen. Werden bei dem System, beispielsweise bei einem Großkunden der Firma iisy, täglich rund um die Uhr mit mehreren hundert Usern einige tausend Anfragen gestellt, ist das Risiko eines Systemausfalls für das wissensbasierte Stördiagnosesystem Einsatzhärten aufgrund der wesentlich geringeren Beanspruchung äußerst gering.

Bewertungskriterien		Universität	Start-Up	KMU			Konzerntochter	
Hauptkriterium	Nebenkriterium	Lehrstuhl KI	Tetrix	Rit	Orisa	iisy	Empolis	Insiders
Shell-Komponenten	A_XX	100%	100%	100%	100%	100%	100%	100%
System-Architektur		100%	100%	100%	100%	100%	100%	100%
Qualitäts-Anforderungen	Risiko Systemausfall	Mittel	Mittel	Mittel	Mittel	Gering	Gering	Gering
	Aufwand Anpassung Shell	Mittel	Mittel (~ 3 Monate)	Mittel (~ 3 Monate)	Mittel (~2 Monate)	Mittel (~3 Wochen)	Vernach-lässigbar	Vernach-lässigbar	Vernach-lässigbar
Umsetzung	Support	Nein	Ja	Ja	Ja	Ja	Ja	Ja
	Aufwand Implementierung Wissensbasis	Hoch	Mittel	Mittel	Gering	Gering	Gering	Gering
	Kosten in €	1.000 - 1.500	> 10.000	49.000	10.000	10.000	> 100.000	> 100.000

Tabelle 5.1: Bewertungsmatrix zum Vergleich der angebotenen Softwaresysteme.

Der von den Firmen abgeschätzte Arbeitsaufwand um die bestehende Software an A_XX- bzw. B_XX – Kriterien anzupassen, wurde unter dem Punkt „Aufwand Anpassung Shell" bewertet. Da die maximal verfügbare Zeitdauer bis zur Implementierung der Wissensbasis drei Monate betrug, wurden Arbeitsaufwände kleiner als diese Zeitdauer als mittlerer Aufwand betrachtet. Als „vernachlässigbar", wie bei den Firmen iisy, Empolis und Insiders, hingegen wurde ein Zeitraum von wenigen Personentagen, beispielsweise zur Anpassung der Software an die CI – Richtlinien, bewertet. Da neuprogrammierte Teile einer Software stets fehleranfällig sein können, wurde die Höhe des Aufwandes zur Anpassung der Software Shell zusätzlich bei der Beurteilung des zuvor genannten Risikos eines Systemausfalls berücksichtigt.

Der Support wurde dahingehend bewertet, ob dieser innerhalb der zuvor angesetzten Anforderungen – innerhalb von 24 Stunden telefonischer Support zu den üblichen Bürozeiten bzw. bei Bedarf innerhalb einer Woche Vor-Ort-Support – geleistet werden kann. Hier war, aus nachvollziehbaren Gründen, lediglich der Lehrstuhl der Universität Würzburg nicht in der Lage diese Anforderung zu erfüllen.

Auf einen Unterschied bezüglich der Produktbeschreibungen der Softwaresysteme wurde in der Bewertungsmatrix nicht näher eingegangen, da diese mittlerweile standardmäßig mitgeliefert werden und qualitative Abweichungen nicht festgestellt werden konnten.

Unter dem Bewertungskriterium „Implementierung der Wissensbasis" ist der seitens der BMW Group abgeschätzte Arbeitsaufwand gemeint, der zur Eingabe der auf Excelbasis bestehenden Wissensbasis in die Softwareshell notwendig sein wird. Hierbei fiel in erster Linie die Komplexität der Bedienbarkeit der Akquisitionskomponente ins Gewicht, welche bei der universitären Lösung bei weitem nicht so einfach war wie bei den Unternehmen Orisa, iisy, Empolis und Insiders.

Die in den einzelnen Angeboten der Unternehmen angeführten Kosten beinhalteten die teilweise Anpassung der Softwarekomponenten an die B_XX – bzw. C_XX – Anforderungen des Lastenheftes, die Installation und Konfiguration der Software im BMW Netzwerk, die Nutzung der Lizenzen der Software, die Schulung der Anwender und der telefonische Support bei der Modellierung der Wissensbasis. Die Preise erstrecken sich, wie aus Tabelle 5.1 ersichtlich, von ca. 1.000 €, was der Einstellung einer studentischen Hilfskraft für die Anpassung der universitären Lösung entsprach, bis hin zu 100.000 € für die äußerst ausgereiften Systeme der Unternehmen Empolis und Insiders.

Durch eine abschließende Betrachtung sämtlicher Einzelbewertungen wurde die Software der Firma iisy, knapp vor der der Firma Orisa, als die am besten geeignete Lösung bestimmt. Zudem enthielt das Angebot der Firma iisy, im Gegensatz zu dem der Firma Orisa, eine Abdeckung jeglicher Anforderungen der Kategorie B_XX.

5.4 Aufbau und Funktionsweise der ausgewählten Software

Bevor die Vorgehensweise zur Installation der Software dargestellt wird, soll zur besseren Veranschaulichung der Aufbau der erworbenen Softwareshell SOLVATIO der Firma iisy anhand der verschiedenen möglichen Anwendungsszenarien (Bild 5.1) dargestellt werden.

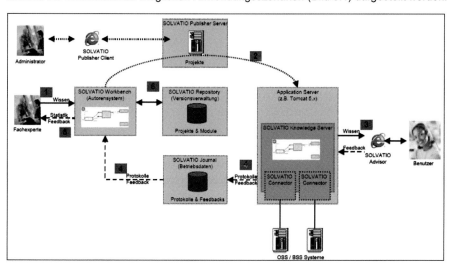

Bild 5.1: Anwendungsszenarien bzw. Aufbau der Softwareshell „Solvatio" [IISY 07].

Erstellung der Wissensbasis - Solvatio Workbench (1)

Mit Hilfe der in Bild 5.2 dargestellten „Solvatio Workbench", einem eigenständigen Autorensystem auf den Rechnern der Experten, wird die Wissensbasis über logische Verknüpfung von Flussdiagrammbäumen durch die Experten grafisch eingegeben, geändert und optimiert. Hierzu stehen dem Autor unterschiedlichste Perspektiven innerhalb der Solvatio Workbench zur Verfügung, welche nachfolgend näher erläutert werden.

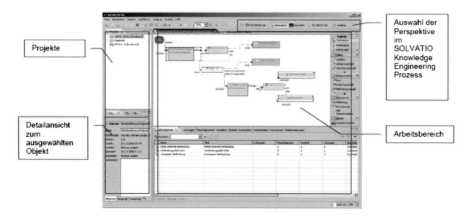

Bild 5.2:   SOLVATIO Workbench.

In der **Modellierungs-Perspektive** (Bild 5.3) werden mit Hilfe diverser Modellierungskonstrukte (z.b. Wenn-Dann Regeln, Fragetypen, Module, Entscheidungstabellen, etc.) sowohl die Wissensbasis erstellt, als auch die Benutzerinteraktion, d.h. die Abfrage- und Ausgabestruktur, gestaltet.

Die integrierte Ablaufumgebung führt die modellierten Diagnoseabläufe in der in Bild 5.4 gezeigten **Test-Perspektive** aus, wodurch diese durch den Experten mittels eines Advisors interaktiv getestet werden können. Die Wissensbasis kann somit schrittweise durchlaufen und überprüft werden, was eine effiziente Fehlerbehebung in den Diagnoseabläufen ermöglicht.

Mit Hilfe einer zusätzlichen **Validierungs-Perspektive** können definierte Tests erstellt und anschließend automatisch ausgeführt werden. Hierbei werden die Testkriterien in einem interaktiven Test bzw. im realen Betrieb aufgezeichnet und nachfolgend bei den zu überprüfenden Diagnoseabläufen angewendet. Somit wird die Kontrolle selbst umfangreicher Wissensbasen erheblich vereinfacht.

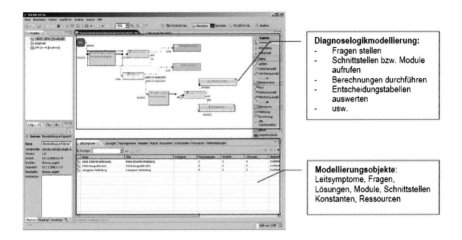

Diagnoselogikmodellierung:
- Fragen stellen
- Schnittstellen bzw. Module aufrufen
- Berechnungen durchführen
- Entscheidungstabellen auswerten
- usw.

Modellierungsobjekte:
Leitsymptome, Fragen, Lösungen, Module, Schnittstellen Konstanten, Ressourcen

Bild 5.3:   SOLVATIO Workbench – Perspektive Modellierung.

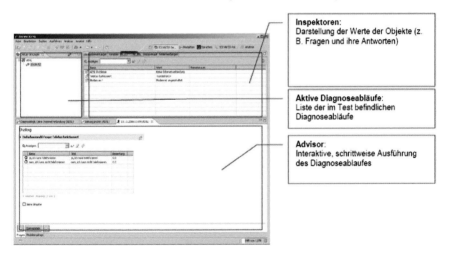

Inspektoren:
Darstellung der Werte der Objekte (z. B. Fragen und ihre Antworten)

Aktive Diagnoseabläufe:
Liste der im Test befindlichen Diagnoseabläufe

Advisor:
Interaktive, schrittweise Ausführung des Diagnoseablaufes

Bild 5.4:   SOLVATIO Workbench – Perspektive Test.

Anhand der in Bild 5.5 dargestellten **Analyse-Perspektive** können die Protokolle und Feedbacks durchgeführter Diagnosen systematisch analysiert, ausgewertet und exportiert werden. Die Protokolle können hierbei nach unterschiedlichen Kriterien gefiltert (z.B. Mittelwerte, Max.-Min.-Werte, Lösungsverteilungen) und somit für statistische Analysen verwendet werden.

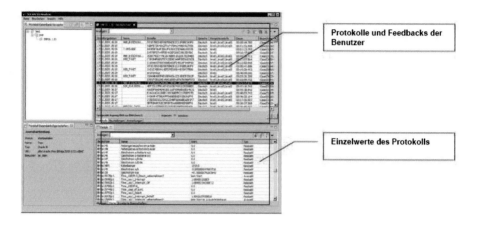

Bild 5.5:　　SOLVATIO Workbench – Perspektive Analyse.

Durch die **Sprachen-Perspektive** kann die gesamte Wissensbasis in andere Sprachen überführt werden, ohne die heuristischen Regeln betrachten zu müssen. Des Weiteren können auf diese Weise umfangreiche Textanpassungen erfolgen und die Suchfunktionen durch ein Wörterbuch (Synonyme bzw. Stopworte) optimiert werden.

Publikation und Nutzung der Wissensbasis - Solvatio Publisher (2) / Advisor (3)

Über den „Solvatio Publisher" Client (Internet Explorer) werden die modellierten Wissensbasen auf dem Server „Solvatio Knowledge Server" publiziert bzw. übertragen. Er dient damit als Bindeglied zwischen der Autoren- und der Ablaufumgebung.

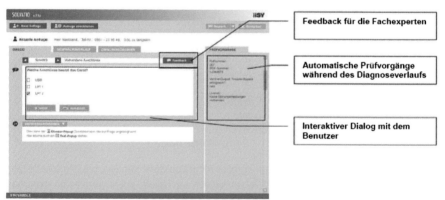

Bild 5.6:　　SOLVATIO Advisor.

Die Anwender in der Fertigung nutzen die auf dem Solvatio Knowledge Server publizierte Wissensbasis über den Web-Client „Solvatio Advisor" (Bild 5.6) in Verbindung mit gängigen Web-Browsern (z.b. Internet Explorer, FireFox, Opera, Safari, etc.), um die Ursache für vorliegende Qualitätsprobleme diagnostizieren zu können. Hierbei können zusätzliche Parameter aus der Umgebung (z.b. OSS) abgefragt werden.

Protokollierung und Auswertung der Wissensnutzung (4 und 5)

Die durchgeführten Diagnosen sowie das vom Benutzer eingegebene Feedback an die Experten (z.b. "Diagnose unvollständig") werden in der Datenbank „Solvatio Journal" protokolliert.

Die Protokolle und das Feedback werden durch die Experten über die „Solvatio Workbench" analysiert und ausgewertet. Die Erkenntnisse können anschließend als Optimierung in die Wissensbasis eingearbeitet werden.

Versionsverwaltung (6)

Die jeweils mit dem Autorenwerkzeug erstellten Versionen einer Wissensbasis werden in dem zentralen „Solvatio Repository" durch die Experten abgelegt. Hierdurch können diese für andere Wissensbasen wiederverwendet oder als Module eingearbeitet werden.

5.5 Installation der Software

Die technischen Anforderungen der Software sind in Tabelle 5.2 für den SOLVATIO Server und in Tabelle 5.3 für die SOLVATIO Arbeitsplätze dargestellt (vgl. Bild 5.1).

Da es sich bei der erworbenen Softwareshell um eine Client-Server Architektur handelt wurde zur Installation der Software in drei Schritten vorgegangen. Zunächst wurde für die drei SOLVATIO Server (Redaktions-, Knowledge-, Journalserver) ein separater physikalischer Server eingerichtet. Um den gemeinsamen Hardwareanforderungen der Serversysteme, entsprechend Tabelle 5.2, zu genügen, wurde der Server mit folgenden Eigenschaften ausgestattet: CPU > 2,5 GHz, RAM > 2 GByte und 500 MB freien Festplattenspeicher. Für die Softwareanforderungen wurde auf dem Windows Betriebssystem des Servers die Umgebung Apache Tomcat als Servlet Engine ausgewählt. Für den Journalserver wurde als Datenbankmanagementsystem die Software der Firma Oracle installiert.

Nach der Einrichtung des Servers wurden die jeweiligen Softwarekomponenten SOLVATIO Publisher, SOLVATIO Repository, SOLVATIO Knowledgeserver und SOLVATIO Journal auf dem Server installiert und konfiguriert. Anschließend wurde die Software SOLVATIO Workbench auf den Autorenrechnern installiert und konfiguriert, welche nachfolgend zur Eingabe der Wissensbasis dienen sollen. Bei den Benutzerarbeitsplätzen in der Fertigung mussten keine Softwarekomponenten installiert werden, da Webbrowser wie der Internet Explorer zur Standardausstattung der Rechner gehören.

Auch die Hardwareanforderungen (Tabelle 5.3) werden von Standard PCs ohne Probleme abgedeckt.

Nach dem die Installation der einzelnen Softwarekomponenten abgeschlossen war, wurde eine zweitägige Vor-Ort Schulung von der Softwarefirma durchgeführt. Hierbei konnten die neuen Systeme direkt überprüft und genutzt werden.

Server	Komponente	Technologie	Software	Hardware
Redaktions-server	SOLVATIO Publisher	Java basierter Server mit web basierter Bedienoberfläche	Servlet Engine (z.B. Tomcat 5.x, BEA), Windows Server, Solaris, Linux, sonstige auf Anfrage	CPU > 2,5 GHz, mind. 2 GByte RAM, 200 MB freier Festplattenspeicher + Wissensbasis (stark abhängig vom Umfang der Wissensbasis)
	SOLVATIO Repository	Java basierter Server mit Schnittstelle zum Autorensystem (SOLVATIO Workbench)		
Knowledge-server	SOLVATIO Knowledge Server	Java basierter Server zur Ausführung der Diagnoseabläufe	Servlet Engine (z.B. Tomcat 5.x, BEA), Windows Server, Solaris, Linux, sonstige auf Anfrage	CPU > 2,5 GHz, mind. 2 GByte RAM, 100 MB freier Festplattenspeicher + Wissensbasis (stark abhängig vom Umfang der Wissensbasis und Anzahl der Benutzer)
Journal-server	SOLVATIO Journal	Relationale Datenbank (z.B. Oracle)	Oracle 10 Standard Edition, SQL Server 2000 Standard Edition	CPU > 2,5 GHz, mind. 2 GByte RAM, 100 MB freier Festplattenspeicher + Protokolle (stark abhängig von der Anzahl der Protokolle und Vorhaltedauer)

Tabelle 5.2: Hardware- und Softwareanforderungen für den SOLVATIO Server.

Server	Komponente	Technologie	Software	Hardware
Redaktions-Arbeitsplatz	SOLVATIO Workbench	Java basierte Anwendung basierend auf dem Eclipse Framework.	Windows XP Professional	CPU > 2,5 GHz, mind. 1 GByte RAM, mind. 1280 x 1024 Auflösung, mind. 200 MB freier Festplattenspeicher + Wissensbasis
Benutzerarbeitsplatz	SOLVATIO Advisor	JSF basierte Web Anwendung zur Nutzung der erstellten Diagnoseabläufe.	Internet Explorer 6.x und andere	CPU > 1,5 GHz, mind. 256 MB RAM

Tabelle 5.3: Hardware- und Softwareanforderungen für die SOLVATIO Arbeitsplätze.

5.6 Implementierung der Wissensbasis

Bevor mit der eigentlichen Implementierung der Wissensbasis begonnen werden konnte, war es erforderlich, eine intelligente Abfragestruktur zur Aufnahme der Abweichung der Bauteilqualitätsparameter zu erstellen. Die hierbei erfassten Werte werden als Variablen gespeichert und durchlaufen in der anschließend modellierten Heuristik die Diagnoseabläufe. In der in einem dritten Schritt erarbeiteten Ausgabestruktur werden die potentiellen Anlagenstörungen samt der werkstoffkundlichen Erläuterungen dargestellt. Die detaillierte Vorgehensweise wird in den folgenden Unterkapiteln näher erläutert.

Generell wurde bei der Implementierung der Wissensbasis auf eine äußerst einfache und logische Struktur Wert gelegt, damit bei späteren Wartungs- bzw. Optimierungsarbeiten die entsprechenden Diagnoseabläufe schnell und effizient gefunden werden können. Des Weiteren konnte damit der Einarbeitungsaufwand für die Wissensbasis auf ein Minimum reduziert werden.

Der Übersichtlichkeit halber wird bei den nachfolgenden Bildschirmaufnahmen in der Perspektive „Modellierung" des Autorenwerkzeugs SOLVATIO Workbench lediglich die relevante Ansicht der Diagnoselogikmodellierung, vgl. Kapitel 6.1.1 Bild 5.3, zur Eingabe der Heuristik dargestellt.

5.6.1 Erstellung der Abfragestruktur

Der gesamte Flussdiagrammbaum der Wissensbasis wurde, wie aus Bild 5.7 ersichtlich ist, in dem ersten Flussdiagramm in drei „Hauptäste" unterteilt: Abfrage(-struktur), Lösungen (Heuristik) und Auswertehilfen (Zwischeninterpretation der Eingaben des Anwenders). Die Ausgabestruktur wurde systembedingt in den jeweiligen Flussdiagrammen der Lösung erstellt.

Entsprechend der in Kapitel 4.1 vorgestellten Vorgehensweise der Experten bei Stördiagnosen in der Wärmebehandlung, sollte der Herstellungsprozess in der Heuristik separat gehalten und somit eine Vermischung der am Ende vorgeschlagenen Lösungen zwischen Anlagenstörungen der Wärmebehandlungsanlagen und möglichen Abweichungen der Herstellungsparameter vermieden werden. Des Weiteren wurde damit die Erweiterung um eine zusätzliche Wissensbasis bzw. die Pflege der beiden bestehenden extrem vereinfacht. Aus diesen Gründen wurde, wie in Bild 5.8 dargestellt, in der Abfragestruktur als erstes die zu verwendende Wissensbasis abgefragt. Beim Aufbau der folgenden Abfragestruktur waren ein möglichst geringer Eingabeaufwand für den Anwender und die Vermeidung von Eingabefehlern oberste Prämisse.

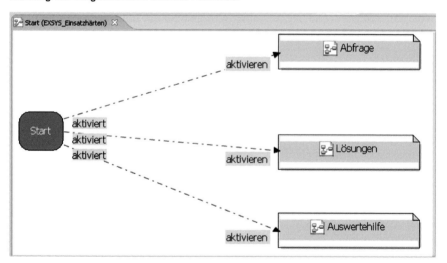

Bild 5.7:   Untergliederung Flussdiagrammbaum der Wissensbasis.

Nach Auswahl der Wissensbasis „Einsatzhärten" wird die betroffene Anlage abgefragt. Anschließend werden entsprechend der in Kapitel 4.2.1.2 in Tabelle 4.1 dargestellten Taxonomie nacheinander die Qualitätskategorie, der Qualitätsparameter und sowohl die qualitative als auch die quantitative Ausprägung der Bauteilqualitätsabweichung(en) erfragt. Die Vorgehensweise zur Erstellung der Abfragen sowie die resultierende Anwenderansicht sind nachfolgend anhand der Qualitätskategorie (Bild 5.9 – Bild 5.11) exemplarisch darge-stellt.

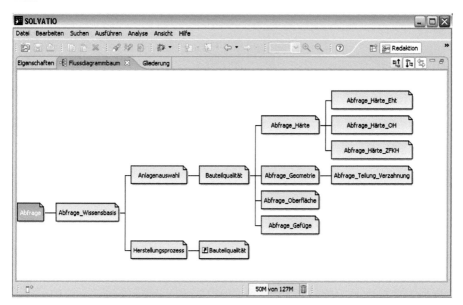

Bild 5.8: Flussdiagramm der Abfragestruktur.

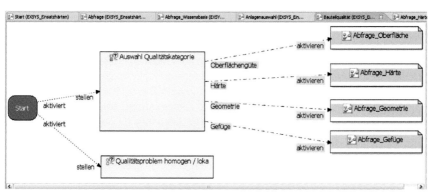

Bild 5.9:   Abfragestruktur bei der Auswahl der Qualitätskategorie.

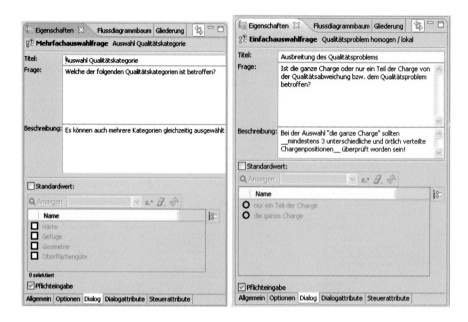

Bild 5.10: Eigenschaften der Mehrfach- und Einfachauswahlfrage.

Je nach Auswahl der Optionen in der Mehrfachauswahlfrage durch den Anwender werden in der Abfragestruktur der Qualitätskategorie in Bild 5.9 die zugehörigen Flussdiagramme aktiviert, in denen bezüglich der getätigten Eingaben weitere Fragen gestellt werden. Mit dem Ziel, so wenig Fragen wie möglich und so viele wie nötig zu stellen, wurden teilweise, wie im vorliegenden Beispiel auch, mehrere Fragen in einem Flussdiagramm und damit auf einer „Seite" dargestellt. Der eigentliche Aufbau mit Fragetyp, Fragetitel, Fragestellung, weitere Informationen zu der Frage, Konfiguration der Auswahloptionen wurde für jede der jeweiligen Fragen unter dem Menü „Eigenschaften", wie in Bild 5.10 aufgezeigt, individuell erstellt. Hierbei konnte zusätzlich unter dem Punkt „Standardwert" eine vordefinierte Auswahl getroffen werden. Des Weiteren wurden für die Stördiagnose essentiell wichtige Fragen als Pflichtfragen deklariert, ohne deren Beantwortung ein weiteres Vorgehen in der Abfragestruktur nicht möglich ist. Die Anwenderansicht im SOLVATIO Advisor ist für das Beispiel der Auswahl der Qualitätskategorie in Bild 5.11 dargestellt.

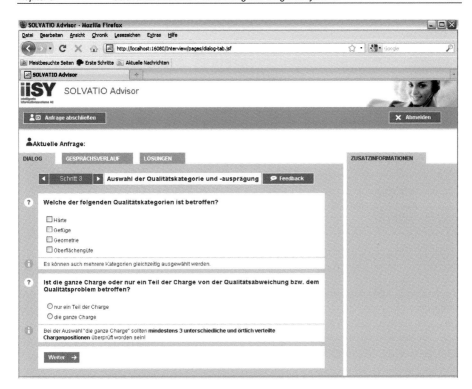

Bild 5.11:   Anwenderansicht der Auswahl Qualitätskategorie.

Bei der Abfrage der quantitativen Ausprägung der Bauteilqualitätsabweichung(en) wurden jeweils minimale und maximale Eingabewerte als gültige Wertebereiche definiert, um Falscheingaben zu vermeiden. Des Weiteren wurde die Abfrage des Betrages der Abweichung anhand von Einzelwerten eingerichtet, d.h. zunächst wird der aktuelle Wert des entsprechenden Bauteilqualitätsparameters abgefragt, anschließend der Wert des Normalzustandes. Mit Hilfe des in Bild 5.12 dargestellten Moduls wird anschließend der Betrag der Differenz zwischen den beiden Werten gebildet. Hierbei bildet der Abbildungsoperator „absDelta_map" von den beiden Eingangswerten (value1, value2) den Betrag und gibt das Ergebnis an den Ausgangswert „absDelta" weiter. Auf diese Weise konnte eine mögliche falsche Berechnung des Abweichungsbetrages durch die Endanwender verhindert werden.

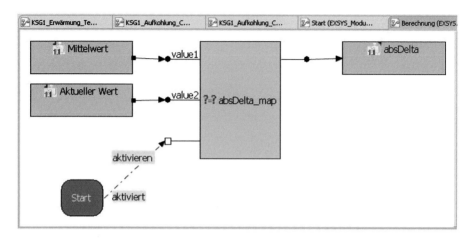

Bild 5.12:   **Modul zur Berechnung des Betrages der Bauteilqualitätsabweichung.**

Die gesamte Abfragestruktur wurde dynamisch gestaltet, so dass sich die zur Auswahl stehenden Optionen der jeweiligen Fragen nach Möglichkeit nach den zuvor getätigten Eingaben richten. Bei der Abfrage der Geometriemerkmale beispielsweise stehen für Bauteile von der Niederdruckaufkohlungsanlage daher andere Optionen zur Auswahl als für Bauteile von der Gasaufkohlungsanlage.

Da für die Wissensbasis des Herstellungsprozesses die gleiche Fragestruktur wie für die Wissensbasis des Einsatzhärtens verwendet werden konnte, wurde, wie aus Bild 5.8 ersichtlich, eine Verknüpfung zum Flussdiagramm „Bauteilqualität" nach der Abfrage der Wissensbasis erstellt. Auf diese Weise müsste bei einer Abwandlung der Abfragestruktur die Korrektur nur einmal durchgeführt werden. Zusätzlich wurden noch einige der bei den Fragestellungen zur Verfügung stehenden Optionen je nach Dateneingabe unterdrückt, da diese lediglich bei Verwendung der Wissensbasis „Einsatzhärten" relevant sind. So kann beispielsweise der Herstellungsprozess der Grund für einen zu geringen Kohlenstoffgehalt, jedoch nicht für eine Abweichung des Martensitanteils sein.

5.6.2 Modellierung der Heuristik

Da die Migration der Wissensbasis über eine grafische Eingabe mit logischen Verknüpfungen in Flussdiagrammen erfolgte, war eine wesentliche Neustrukturierung der Wissensbasis erforderlich. Um Eingabefehler bei der Erstellung zu vermeiden, wurde die Struktur möglichst einfach gehalten. Aus diesem Grund wurde in den Flussdiagrammen des Hauptastes „Lösung" eine direkte Verbindung zwischen den Abweichungen der Bauteilqualitätsparameter und den potentiellen Anlagenstörungen erstellt. Der Zwischenschritt „Fehleinstellungen der Wärmebehandlungsparameter" wurde hierbei über die Bezeichnung und strukturelle Anordnung der Flussdiagramme (siehe Bild 8.4 im Anhang) abgebildet. Hierbei wurden die in Kapitel 4.2.1.3 erstellten Klassen der Taxonomie der Abweichungen der Wärmebehandlungsparameter übernommen. Zusätzlich wurde die Ausprägung der Bauteilqualität als weitere und die Klasse „Anlagenstörung" der Taxonomie der Anlagenontologie als kleinste Strukturierungsebene verwendet, so dass je Störung ein Flussdiagramm erstellt wurde. Damit ergab sich die folgende hierarchische Untergliederung der Flussdiagramme für die Wissensbasis:

- Prozess bzw. Wärmebehandlungsanlage: Herstellungsprozess, Gasaufkohlung (KSG1, KSG2, KSG4), Niederdruckaufkohlung (VH1)

- Prozessschritt: Voroxidation, Erwärmung, Aufkohlung, Diffusion, etc.

- Prozessparameter: Temperatur, Zeit, Kohlenstoffpegel, etc.

- Qualitative Prozessparameterausprägung: zu hoch, zu niedrig

- Ausprägung der Bauteilqualität: homogen (gesamte Charge), lokal (Teil der Charge)

- Anlagenstörung: Sollwerteinstellung falsch, Thermoelement defekt, Temperaturregelung defekt, etc.

Vor dem Hintergrund, die Wissensbasis mit einem möglichst geringen Zeitaufwand und einer minimalen Fehleranfälligkeit eingeben zu können, war, bevor mit dem eigentlichen Aufbau der Flussdiagramme begonnen werden konnte, eine (Vor-)Auswertung der in der Abfragestruktur eingegebenen Daten erforderlich. Hierzu wurden die Daten im dritten Hauptast des Flussdiagrammbaumes, der „Auswertehilfe" (ausschnittsweise in Bild 5.13 dargestellt), interpretiert, d.h. je nach eingegebenem Wert in der Frage wurde der verbundene Interpretationsbaustein aktiviert (Wert=1) oder nicht. Somit konnten beim nachfolgendem Aufbau der Heuristik einfache Direktverbindungen (Wert ist bekannt) anstelle von komplexeren Datenverbindungen (Wenn eingegebener Wert ..., dann ...) verwendet werden.

Bei der Kombination der Abweichungen der Bauteilqualitätsparameter mit den jeweiligen Anlagenstörungen in dem Flussdiagramm Anlagenstörung war es erforderlich, nicht nur die jeweilige Heuristik, sondern auch deren Erweiterung anhand der durchgeführten empirischen Untersuchungen sowie deren Optimierung mittels des entwickelten Auswertealgorithmus zu berücksichtigen. Die entsprechende Realisierung ist nachfolgend dargestellt.

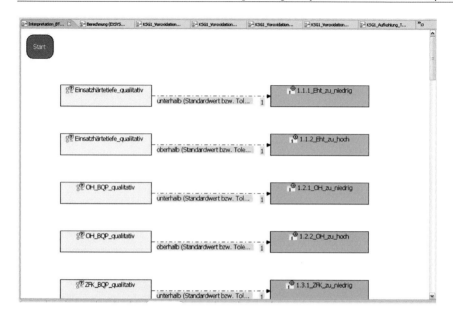

Bild 5.13:   **Auswertung der in den Frageelementen eingegebenen Werte durch Interpretationselemente (Hauptast Auswertehilfe).**

Wie bereits in Kapitel 2.2.4 beschrieben wurde, werden Unsicherheiten bzw. Wahrscheinlichkeiten der Heuristik in wissensbasierten Stördiagnosesystemen üblicherweise durch die Verwendung von Konfidenzfaktoren, welche zwischen 0 und 1 liegen, dargestellt. Bei der Software SOLVATIO wird bei der Bewertung der einzelnen heuristischen Regeln und damit der Lösungselemente zwischen einer sogenannten score, welche der internen Verrechnung der Bewertungen dient, und dem f(score) zur Aufbereitung der Bewertungen für die Anwenderansicht, unterschieden. Zwar kann bei den Einzelbewertungen der Abweichungen der Qualitätsparameter (score) die Menge $\mathbb{Z}$ der ganzen Zahlen verwendet werden, jedoch ist nach Anwendung der Bewertungsfunktion f(score) lediglich für einen Bereich von 0 bis +80 der score eine ausreichende Differenzierung der Lösungselemente möglich. Daher war es für die Migration der Wissensbasis erforderlich, die jeweiligen Werte der Gesamtprioritätskennzahl auf diesen Wertebereich einzugrenzen bzw. umzurechnen. Dies erfolgte mit Hilfe einer möglichst einfachen bijektiven linearen Funktion, der Geradengleichung:

$$f(x) = m \cdot x + b \qquad\qquad (6.1)$$

mit: m = Steigung der Geraden
          b = y-Achsenabschnitt

Zur Bestimmung der Steigung wurden, wie in Bild 5.14 dargestellt, die jeweiligen Extremwerte (Minimal- und Maximalwerte) der Wertebereiche der Gesamtprioritätskennzahlen des Excel-basierten Systems und des Systems von Solvatio verwendet. Somit ergab sich:

$$m = \frac{\Delta y}{\Delta x} = \frac{y_2 - y_1}{x_2 - x_1} = \frac{80 - 0}{105 - (-119,8)} = 0,35587 \tag{6.2}$$

Mit: y_2 = Maximalwert Gesamtprioritätskennzahl Solvatio

        y_1 = Minimalwert Gesamtprioritätskennzahl Solvatio

        x_2 = Maximalwert Gesamtprioritätskennzahl Excel-basiertes System

        x_1 = Minimalwert Gesamtprioritätskennzahl Excel-basiertes System

Die Grenzwerte für die Gesamtprioritätskennzahl des Excel-basierten Systems wurden durch Betrachtung der möglichen Extremwerte der einzelnen Priorisierungsfaktoren (relative Einflussstärke, Auftretenshäufigkeit und benötigte Kontrollzeit) bestimmt.

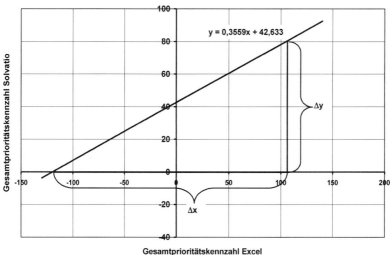

Bild 5.14:   **Bestimmung der Funktion zur Umrechnung der Werte der Gesamtprioritätskennzahl von Excel auf den in Solvatio verfügbaren Wertebereich.**

Die anschließende Bestimmung des y-Achsenabschnitts erfolgte durch Einsetzen eines Punktes der Geraden, dem Maximalwert beider Wertebereiche: P=(105, 80). Auf diese Weise konnte die Geradengleichung zur Umrechnung der Werte des Excel-basierten Stördiagnosesystems in die Werte für das Solvatio System erstellt werden:

$$f(x) = 0,356 \cdot x + 42,63 \tag{6.3}$$

Wie bereits in Kapitel 4.4.2 bei der Realisierung der optimierten Heuristik in Excel wurde ein Abbild der bestehenden Wissensbasis geschaffen. Anschließend konnten alle Werte mit der Formel 6.3 umgerechnet werden. Hierbei wurden alle Anlagenstörungen, die kleinste Gliederungsebene der Wissensbasis, mit Identifikationsnummern versehen. Auf diese Weise konnten die Anlagenstörungen mit den dazugehörigen Abweichungen der Bauteilqualitätsparameter, der umgerechneten relativen Einflussstärke, der umgerechneten Auftretenshäufigkeit und benötigten Kontrollzeit schrittweise in den Flussdiagrammen eingegeben werden. Dies ist nachfolgend exemplarisch in Bild 5.15 dargestellt.

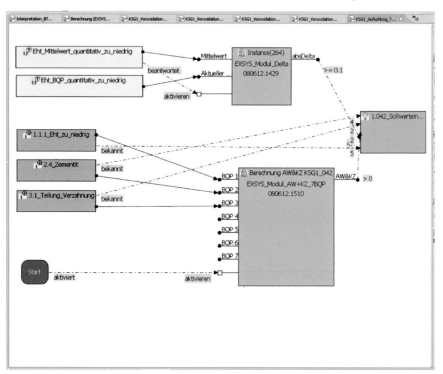

Bild 5.15:   **Flussdiagramm auf der Gliederungsebene Anlagenstörung mit der zusätzlichen Berücksichtigung der quantitativen Abweichung eines Bauteilqualitätsparameters.**

Das dargestellte Flussdiagramm enthält fünf verschiedene Komponententypen und weist daher mit eine der komplexesten Strukturen auf. Während die drei grau unterlegten Elemente die Interpretationselemente der qualitativen Abweichungen der Bauteilqualitätsparameter aus Bild 5.13 darstellen, repräsentieren die zwei gelb unterlegten die quantitativen Abweichungen der Bauteilqualitätsparameter. Das blaue Lösungselement steht für die Anlagenstörung mit den darin enthaltenen Elementen der Klasse Störungsursache. Die beiden grünen Elemente sind jeweils Module von denen das obere (EXSYS_Modul_Delta) zur Bestimmung des Betrages der Bauteilqualitätsabweichung dient und bereits zuvor (Bild 5.12) vorgestellt wurde. Im zweiten, unteren Modul (EXSYS_Modul_AW+KZ_7BQP) wird ausgewertet, ob eines der verbundenen Interpretationselemente aktiviert wurde. Da die Auftretenshäufigkeit und Kontrollzeit jeweils Priorisierungskriterien der Anlagenstörung sind und die Höhe der Bewertung unabhängig von der Anzahl der aktivierten Anlagenstörung ist, konnte auf mit Hilfe des Moduls sichergestellt werden, dass die Lösung stets die gleiche Bewertung erhält, egal ob einer oder alle Interpretationselemente aktiviert wurden. Der Aufbau des Moduls ist in Bild 5.16 der Vollständigkeit halber dargestellt. Auf eine genauere Erläuterung des Aufbaus soll nachfolgend jedoch verzichtet werden, da dies für die weitere Arbeit nicht relevant ist.

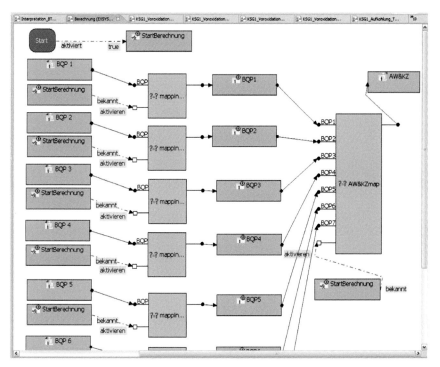

Bild 5.16:   Berechnungsmodul für die Auftretenshäufigkeit und benötigten Kontrollzeit.

Die Gesamtbewertung der Lösung oder auch die Gesamtprioritätskennzahl der Anlagenstörung, erfolgt über lineare Addition der drei Einzelbewertungen: die direkten Bewertungen der relativen Einflussstärke durch die einzelnen Interpretationselemente der qualitativen Abweichungen der Bauteilqualitätsparameter, die indirekte Bewertung der Auftretenshäufigkeit und der benötigten Kontrollzeit bzw. der quantitativen Abweichung der Bauteil-qualitätsparameter durch die beiden Module.

Auf diese Weise wurden alle Heuristiken mit den jeweils zugehörigen Ergebnissen der empirischen Untersuchungen bzw. den Auswertealgorithmen für sämtliche Wärmebehand-lungsanlagen und den Herstellungsprozess in der Software implementiert. Es stellte sich heraus, dass die Software nicht bei dem Umfang der Wissensbasis, wohl aber bei deren Komplexität an ihre Grenzen stieß.

5.6.3 Erstellung der Ausgabestruktur

Bei der Gestaltung der Anwenderansicht im SOLVATIO Advisor wurde eine möglichst ein-fache Struktur realisiert. Nach Eingabe sämtlicher Abweichungen der Bauteilqualitätspa-rameter können diese in der Ausgabeansicht über den Reiter „Gesprächsverlauf" noch einmal aufgerufen und überprüft werden (Bild 5.17).

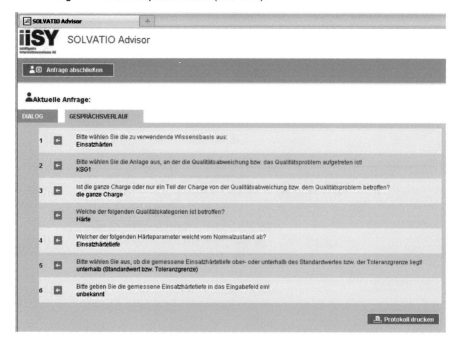

Bild 5.17:   Darstellung der eingegebenen Daten in der Ansicht Gesprächsverlauf.

Unter dem Reiter „Dialog" werden, wie aus Bild 8.5 (Bild im Anhang) ersichtlich, die poten-tiellen ursächlichen Anlagenstörungen sortiert nach ihrer Gesamtprioritätskennzahl in Pro-zent aufgelistet. Wird eine Anlagenstörung ausgewählt, öffnet sich darunter ein zusätzli-ches Anzeigefenster, welches die zu der Anlagenstörung zugehörigen möglichen Störungsursachen aufzeigt. Unter dem Punkt „Weitere Informationen" können sowohl die werkstoffkundlichen Erklärungen als auch die jeweilige Anlagenübersicht der betroffenen Wärmebehandlungsanlage über verlinkte PDF-Dokumente aufgerufen werden. Während die Anlagenübersicht bereits in Kapitel 4.2.1.1 in Bild 4.2 dargestellt wurde, ist die für das vorliegende Beispiel zugehörige Erklärung in Bild 8.6 (s. Anhang) abgebildet.

Wie ersichtlich ist in der Tabelle von links ausgehend die vollständige Kausalität von der ursächlichen Anlagenstörung über die Fehleinstellung des Wärmebehandlungsparameters bis hin zum betroffenen Bauteilqualitätsparameter aufgezeigt. Die Darstellung des Beispiels ist dabei wie folgt zu lesen: „Ein defektes Thermoelement in der Aufkohlungsphase kann über die gesamte Charge eine zu niedrige Aufkohlungstemperatur verursachen, was wiederum einen starken Einfluss auf eine zu niedrige Einsatzhärtetiefe verursachen kann". Als werkstoffkundliche Erklärung zwischen dem fehleingestellten Wärmebehandlungsparameter und der Abweichung des Bauteilqualitätsparameters wurde angeführt, dass durch die zu niedrige Aufkohlungstemperatur die Diffusion verringert wird, was zu einer zu geringen Kohlenstoffaufnahme und damit einer zu geringen Aufkohlungstiefe bzw. Einsatzhärtetiefe führt.

Je Anlagenstörung und Fehleinstellung des Wärmebehandlungsparameters wurden alle zugehörigen potentiellen Abweichungen der Bauteilqualitätsparameter mit aufgeführt, damit bei möglichen Nach- bzw. Korrekturbehandlungen die zu geringen und damit noch nicht auffällig gewordenen Abweichungen der anderen Bauteilqualitätsparameter hierbei berücksichtigt werden können. Die dargestellte Erklärung wurde für sämtliche Anlagenstörungen entsprechend des angeführten Beispiels aufbereitet und in jedes einzelne Flussdiagramm eingefügt.

Nachdem die potentiellen Anlagenstörungen der Reihe nach überprüft wurden, muss entweder bei der tatsächlich vorliegenden Anlagenstörung direkt (Schaltfläche „Erfolgreich" in Bild 8.5) oder, falls keine der aufgelisteten Lösungen ursächlich war, über eine Freitexteingabe durch Auswählen der Schaltfläche „Feedback" nach jeder Diagnose zwingend eine Bewertung der gestellten Diagnose eingegeben werden. Auf diese Weise kann eine kontinuierliche Optimierung der Wissensbasis garantiert werden.

5.7 Einführung in die Fertigung

Die Einführung des wissensbasierten Stördiagnosesystems Einsatzhärten in die Produktion erfolgte schrittweise. Zunächst wurde das Stördiagnosesystem anhand ausgewählter Fallbeispiele evaluiert. Hierzu wurden sowohl bereits in der Serienproduktion vorgekommene Abweichungen der Qualitätsparameter als auch fiktive Problemstellungen verwendet. Ein Vergleich der vorgeschlagenen möglichen Anlagenstörungen von WiSE und einigen Experten zeigte in allen Fällen eine vollständige Übereinstimmung. Lediglich bei der Priorisierung konnten Abweichungen festgestellt werden, da die Experten in manchen Fällen intuitiv anders vorgegangen wären. Nach genauer Betrachtung der von WiSE vorgeschlagenen Vorgehensweise haben die Experten diese jedoch gegenüber ihrer eigenen ursprünglichen Vorgehensweise präferiert.

Um die späteren Nutzer des Stördiagnosesystems, die jeweiligen Schichtführer der Härterei, für das System zu qualifizieren, wurden für alle drei Schichten Schulungen durchgeführt und Arbeitshilfen erstellt. Hierbei lag der Fokus auf den beiden folgenden Hauptthemen:

- Standardisierter Prozessablauf zur Verwendung des Systems: Informationsfluss bei Abweichungen der Bauteilqualität, Aufgabenverteilung zur Eingabe der Daten in das System, zur Überprüfung der Anlagenparameter und zur Eingabe des Feedbacks in das System

- Verwendung der Software: Benötigte Informationen für die Eingabe der Daten in das System, wichtige Punkte beim Eingabe- bzw. Feedbackprozess

Zusätzlich wurden anhand von durch die Nutzer vorgeschlagenen Fallbeispielen die Vorteile des Systems demonstriert bzw. Vertrauen in das neue System hergestellt.

Bei den späteren Verantwortlichen für die Wissensbasis, den Autoren, wurde ähnlich vorgegangen wie bei den Anwendern. Mit Hilfe von Übungsbeispielen, Schulungsvorträgen und Arbeitshilfen wurden die folgenden Themen behandelt:

- Installation und Konfiguration der Software: Aufzeigen der Softwarefunktionen, Prozess bei der Feedbackanalyse, Vorgehensweise bei Softwareproblemen, Durchführung der Softwarewartung/ -instandsetzung, Benennung der jeweiligen Ansprechpartner.

- Aufbau der Wissensbasis WiSE: Struktureller Aufbau, Vorgehensweise zur Erstellung neuer bzw. Aktualisierung und Erweiterung bestehender Anlagenstörungen, Prozessdefinition zur Behebung von Problemen mit der Wissensbasis (Versenden der Wissensbasis, Backup-Datei, Ansprechpartner).

- Verwendung des Excel-basierten Systems zur Umrechnung der Bewertungen für SOLVATIO: Aufbau und Funktionsweise des Systems, Vorgehensweise bei Aktualisierungs- bzw. Erweiterungsprozessen, Auflistung der benötigten Passwörter.

- Bedienung des Servers: Prozess der An- und Abmeldung, Auflistung der Serververantwortlichen, Vorgehensweise bei Wartungen.

Im Anschluss an die Qualifizierung von Anwendern und Autoren konnte das Projekt den jeweiligen Verantwortlichen übergeben werden. Um einen intensiven Erfahrungsaustausch zur Optimierung des Systems gewährleisten zu können, wurde eine jährliche Feedbackrunde zwischen Anwendern und Autoren vereinbart.

5.8 Erweiterungsmöglichkeiten

Vor dem Hintergrund das erstellte wissensbasierte Stördiagnosesystem in Folgeprojekten optimieren oder erweitern zu können, wurde bei der Erstellung des Systems stets eine flexible und ausbaubare Struktur verwendet. Nachfolgend seien diesbezüglich einige Möglichkeiten dargestellt, welche im Rahmen dieser Arbeit einerseits über die ursprüngliche Aufgabenstellung weit hinaus gegangen wären und andererseits aufgrund der begrenzten zeitlichen wie auch monetären Ressourcen nicht umgesetzt werden konnten.

Durch eine Ankopplung des Diagnosesystems an den Fertigungsprozess über die vorhandenen OSS-/ BSS- Schnittstellen, vergleiche Bild 5.1 aus Kapitel 6.1, könnte beispielsweise eine automatisierte Stördiagnose ermöglicht werden. Mit Hilfe einer Integration der relevanten Informationsquellen, wie Laborauswertungen und Anlagedaten, können Trends bei der Abweichung von Bauteilqualitätsparametern bereits präventiv vom System selbstständig diagnostiziert werden. Verringert sich beispielsweise die Oberflächenhärte kontinuierlich und unterschreitet einen zuvor definierten Grenzwert, obwohl bei allen Anlagenparametern weiterhin konstante Werte gemessen werden, deutet dies auf eine potentielle Anlagenstörung hin. Das System könnte in diesem Fall direkt die jeweiligen Verantwortlichen, z.B. via Email, benachrichtigen und zudem einen Abgleich zwischen den über die Heuristik der Wissensbasis identifizierten potentiellen Anlagenstörungen und den Anlagenparameter, welche mit dem System verbunden sind, durchführen. Ein System mit ähnlichen Schnittstellen zum Fertigungsprozess wurde bereits zur automatischen Ursachenanalyse von Fehlern und Störungen in Walzwerken realisiert [WEID 05].

An dieser Stelle sei noch einmal auf die bereits in Kapitel 2.1.4 erwähnte Problematik der Schnittstellen mit einer derzeit veralteten Prozesstechnik der bestehenden Wärmebehandlungsanlagen sowie der Verwendung von Stand-Alone-Lösungen der Spezialrechner hingewiesen. Somit würde die zuvor genannte Erweiterung des Stördiagnosesystems lediglich für Anlagen mit moderner bzw. erneuerter Systemtechnik in Frage kommen.

Eine weitere Möglichkeit stellt die Erweiterung der Wissensbasis dar. In einem ersten Schritt wäre die Ergänzung der aufgeführten Anlagenstörungen bzw. Störungsursachen um das Wissen der Instandhaltung durch multimediale Inhalte, wie z.B. Detailzeichnungen bzw. Videosequenzen oder Animationen zur Position bzw. zum Ein-/ Ausbau und zur Reparatur der Anlagenbauteile, denkbar. Des Weiteren können detaillierte Zusatzinformationen der Bauteile, wie der Typ der Thermoelemente, verwendete Ventile etc., inklusive der jeweiligen Inventarnummern und Wartungszyklen erfasst werden. Auf diese Weise könnte auch eine Berücksichtigung der Dauer des Einsatzes der Anlagenbauteile bei der Bestimmung der Gesamtprioritätskennzahl erfolgen. Somit wäre die Fehlfunktion eines kürzlich und damit möglicherweise falsch erneuerten bzw. kurz vor dem Wechsel stehenden und damit verschlissenen Bauteils wahrscheinlicher als wenn keines der beiden Kriterien zuträfe.

Die Erstellung zusätzlicher Wissensbasen von vorgelagerten, z.B. Rohteilherstellung und (Dreh- und Fräs-)Fertigung der Bauteile etc., sowie von nachgelagerten Prozessbereichen der Fertigungskette, z.B. Hartdrehen, Schleifen etc., würde eine umfassende und durchgängige Betrachtung der Bauteilqualität ermöglichen. Auf diese Weise könnten bei der Stördiagnose auch Wechselwirkungen zwischen den einzelnen Fertigungsbereichen berücksichtigt werden. Aufgrund der bereits bekannten Vorgehensweise und Strukturierung der bestehenden Wissensbasis ist eine Erweiterung der Wissensbasis um neue, zukünftig installierte Anlagen indes ohne weiteres realisierbar.

6 Zusammenfassung

Die zunehmende Komplexität und Spezialisierung der Produktionsprozesse in Industrieunternehmen sowie der Anspruch, das vorhandene bzw. neu zu akquirierende Wissen optimal zu managen, führt zu einer immer ausgeprägter wissensorientierten Dienstleistungsgesellschaft. Die Installation und Anwendung von optimal zugeschnittenen Wissensmanagementsystemen, vor allem für den Spezialfall technischer Stördiagnosen, ist daher in diversen Industriebereichen heute bereits Stand der Technik. Trotz der Notwendigkeit einer Symbiose des Erfahrungswissens der Fachbereiche Werkstoff-, Wärmebehandlungs- und Anlagentechnik zur Diagnose der für ein auftretendes Qualitätsproblem potentiell ursächlichen Anlagenparameterabweichungen sowie der aufgrund der Charakteristik thermochemischer Diffusionsprozesse ökonomisch notwendige Einsatz von Großanlagen in einer standardisierten Serienfertigung und das damit einhergehende enorme Ausschuss- und Nacharbeitsrisiko, existiert für den Nischenbereich der Wärmebehandlung bzw. Einsatzhärtung derzeit keinerlei schriftliche oder elektronische Unterstützung zur Methodik der Ursachenanalyse.

Ziel dieser Arbeit war es daher, die aufgrund der derzeitigen individuellen und meist unstrukturierten Vorgehensweise der Fachexperten bei der Stördiagnose in der Wärmebehandlung brachliegenden Potentiale zur Steigerung der Effektivität und Effizienz bei der Behebung von Bauteilqualitätsparameterabweichungen durch die Entwicklung eines wissensbasierten Stördiagnosesystems zu nutzen. Als Einsatzhärtungsverfahren wurden hierbei die in der Betriebshärterei der BMW AG in Dingolfing vorliegende Gasaufkohlung mit anschließender Ölbad- sowie Härtepressenabschreckung und die Niederdruckaufkohlung mit anschließender Gasabschreckung betrachtet.

Zur optimierten Strukturierung und Standardisierung der individuellen und teilweise intuitiven Vorgehensweise der Experten wurden die impliziten Wissensbereiche der Werkstoff-, Wärmebehandlungs- und Anlagentechnik zu einer Stördiagnoseontologie externalisiert. Hierzu wurde ein Projektteam aus den Bereichen Forschung, Anlagenherstellung und industrieller Endanwendung gebildet und die Grundheuristik bestehend aus den vier Teilontologien der Bauteilqualitäts- Wärmebehandlungs-, Anlagen- und Herstellungsparameter sowie den entsprechenden Taxonomien in Excel-basierten Datenbanken erfasst. Dabei wurden nach Identifikation der jeweiligen Parameter die heuristischen Regeln zwischen den Fehleinstellungen der Wärmebehandlungsparameter und den Abweichungen der Bauteilqualitätsparameter sowie den Anlagenstörungen systematisch über die Auswertung vorhandener Erfahrungswerte erstellt. Die im laufenden Produktionsprozess auftretenden Qualitätsabweichungen und Vorgehensweisen zur Fehlerbehebung wurden während der dreijährigen Laufzeit des Forschungsprojektes ebenfalls kontinuierlich dokumentiert und in der Wissensbasis verwertet. Um eine maximal effektive Stördiagnose zu ermöglichen, wurde hier insbesondere Wert auf eine vollständige Erfassung der Abhängigkeiten Wert gelegt. Somit wurden zusätzlich zu den kontinuierlich geregelten Wärmebehandlungsparametern auch die nicht geregelten Parameter und die umfangreiche, den Anlagenstörungen untergeordnete Klasse der Störungsursachen aufgenommen. Des Weiteren wurde bei den Wärmebehandlungsparametern zwischen sich auf die Bauteilqualität homogen und lokal auswirkenden Parametern unterschieden und bei den Störungsursachen eine Beeinflussung nach erfolgter Reparatur und Wartung berücksichtigt. Darüber hinaus wurde die Datenbank um die werkstoffkundlichen Hintergründe der Auswirkungen von Wärmebehandlungsparameterabweichungen auf die Bauteilqualität ergänzt.

Die anschließende Erweiterung der Grundheuristik um die Priorisierungsmethodik der Fachleute erfolgte bei der Wärmebehandlungsontologie mittels einer Bewertung der einzelnen heuristischen Regeln zwischen den Fehleinstellungen der Wärmebehandlungsparameter und der Bauteilqualitätsprobleme durch das Projektteam. Hierbei wurde die Empfindlichkeit der funktionalen Zusammenhänge zwischen den Änderungen der Wärmebehandlungsparameter und den Änderungen der Bauteilqualitätsparameter basierend auf Erfahrungswerten klassifiziert. Bei der Anlagenontologie wurde die Heuristik mit Hilfe von Fehler-Möglichkeits-und-Einfluss-Analysen und Antizipierender Fehlererkennung um die Priorisierungskennzahlen der Auftretenshäufigkeit sowie der benötigten Kontrollzeit der Anlagenstörungen ergänzt. Die Besonderheiten der unterschiedlichen Wärmebehandlungszonen wurden bei der Bewertung identischer Anlagenstörungen jeweils mitberücksichtigt.

Durch die Berücksichtigung aller relevanten Parameter und einer standardisierten Vorgehensweise wurde eine im Vergleich zu den Experten präzisere und effektivere Stördiagnose ermöglicht. Um die Diagnosezeit und damit die Stillstandszeit einer Wärmebehandlungsanlage sowie die dadurch anfallenden hohen Kosten weiter zu reduzieren, wurde die Effizienz der Stördiagnose durch eine Optimierung der Heuristik zusätzlich verbessert. Hierzu wurden die mit stark bewerteten qualitativen Empfindlichkeiten der funktionalen Zusammenhänge der Wärmebehandlungsontologie um quantitative Aussagen, d.h. einer zusätzlichen Berücksichtigung der Größe der Abweichungen der Bauteilqualitätsparameter bei der Priorisierung, durch empirische Untersuchungen und Simulationen ergänzt. Aufgrund der sehr begrenzten Anlagenkapazitäten der Serienproduktion und limitierten personellen Ressourcen war eine Reduzierung der Versuchsanzahl und der metallografischen Untersuchungen durch diverse Annahmen und Vereinfachungen sowie einer Übertragung einzelner Versuchsergebnisse auf ähnliche Parameterkonstellationen erforderlich. Diese Vorgehensweise wurde durch diverse Vor- und Absicherungsversuche zuvor überprüft.

Eine weitere Steigerung der Effizienz der Stördiagnose konnte durch die Entwicklung eines Auswertealgorithmus erreicht werden. Hierbei wurden zunächst zusätzlich zu den absoluten die relativen funktionalen Zusammenhänge zwischen den Wärmebehandlungsparametern und Bauteilqualitätsabweichungen berücksichtigt. Dadurch werden zuerst diejenigen Wärmebehandlungsparameter überprüft, bei denen das vorliegende Qualitätsproblem nicht nur die maximale absolute Bewertung aufweist, sondern gleichzeitig auch höher und damit wahrscheinlicher als andere durch diesen Wärmebehandlungsparameter beeinflusste Qualitätsparameter bewertet wurden. Durch Kombination der einzelnen Priorisierungskennzahlen zu einer Gesamtprioritätskennzahl und die damit direkte Verknüpfung der potentiellen Anlagenstörungen mit den Abweichungen der Bauteilqualitätsparameter sowie die Verwendung einer modifizierten benötigten Kontrollzeit wurde der Auswertealgorithmus vervollständigt. Für die hierzu erforderliche Kombination der einzelnen Excel-basierten Datenbanken der Wärmebehandlungs- und Anlagenontologie zu einer Stördiagnosedatenbank war eine Restrukturierung der jeweiligen Wissensbasen erforderlich. Zudem wurden die empirischen Ergebnisse aus den Versuchen und Simulationen, der Auswertealgorithmus mit Berücksichtigung der relativen funktionalen Zusammenhänge, sowie die Berechnung der Gesamtprioritätskennzahl in die Datenbank transferiert. Der Möglichkeit einer präventiven Stördiagnose, d.h. bereits sich abzeichnende Tendenzen einer Bauteilqualitätsparameterabweichung analysieren zu können, wurde bei der Umsetzung ebenfalls Rechnung getragen.

Zwar konnte die Nutzbarkeit des Stördiagnosesystems für Dritte durch diverse Maßnahmen, wie beispielsweise der Implementierung von Makroprogrammbausteinen, weitestgehend optimiert werden, jedoch konnten weiterführende Informationen und Funktionen, wie erläuternde Abbildungen bzw. eine statistische Auswertung der Diagnoseabfragen, mit Excel nicht abgebildet werden. Zudem war die Anwenderfreundlichkeit für die Editoren unzureichend. Mit dem Ziel, das Stördiagnosesystem möglichst einfach erstellen bzw. erweitern zu können, eine größtmögliche Verfügbarkeit und damit Laufstabilität sowie einen geringen Instandhaltungsaufwand des Systems realisieren zu können und eine mit der Problemstellung möglichst kongruente softwaretechnische Lösung zu erreichen, wurde eine für diese Aufgaben geeignete Softwareplattform ausgewählt. In einem erstellten Lastenheft wurden die Zielbestimmung, der spätere Produkteinsatz und die Softwarefunktionen, unterteilt nach unverzichtbaren Produktfunktionen, Bewertungskriterien und wünschenswerten Nebenkriterien, definiert und nach einer durchgeführten Marktstudie adäquate Softwareshell beschafft.

Um den Eingabeaufwand für die Endanwender möglichst gering zu halten, wurde in der Softwareshell eine intelligente Abfragestruktur zur Aufnahme der Abweichungen der Bauteilqualitätsparameter erstellt. Bei der eigentlichen Migration der Wissensbasis über eine grafische Eingabe in Flussdiagrammbäume wurde auf eine möglichst einfache und logische Strukturierung Wert gelegt, um spätere Wartungs- bzw. Optimierungsarbeiten schnell und effizient durchführen zu können sowie den Einarbeitungsaufwand für Editoren gering zu halten. Für die Modellierung der Heuristik der Diagnoseabläufe war eine teilweise Umstrukturierung der Wissensbasis sowie eine Umrechnung der Werte der Gesamtprioritätskennzahl auf den Wertebereich der Softwareshell über eine einfache bijektive lineare Funktion erforderlich. In der erstellten Ausgabestruktur werden die für die vorliegende Störung mit absteigender Priorität potentiell ursächlichen Anlagenstörungen mit entsprechenden werkstoffkundlichen Erläuterungen und einer Anlagenübersicht der betroffenen Wärmebehandlungsanlage dargestellt. Nach der Implementierung der Wissensbasis wurde die Software in die Fertigung durch angefertigte Leitfäden und eigens durchgeführten Schulungen mit den Endanwendern eingeführt. Über einen Vergleich zwischen den von Experten auf ihrem Erfahrungswissen basierenden, durchgeführten Stördiagnosen und den durch das Stördiagnosesystem vorgeschlagenen Lösungswegen für diverse Fallbeispiele konnte eine wesentlich exaktere und effizientere Vorgehensweise des wissensbasierten Stördiagnosesystems evaluiert werden.

Durch die Möglichkeit einer effektiveren, effizienteren, zeit- und ortsunabhängigen Unterstützung im Prozess der (präventiven) Stördiagnose im wissensintensiven Bereich der Einsatzhärtung durch das wissensbasierte Stördiagnosesystem kann somit eine erhöhte Kapazitätsauslastung und verbesserte Prozessstabilität der Wärmebehandlungsanlagen bei gleichzeitig reduzierten Beratungskosten durch externe Experten erreicht werden. Laien auf den Gebieten der Werkstoff-, Wärmebehandlungs- und Anlagentechnik werden durch eine vollständige Betrachtung jeglicher potentieller Parameter und der Verwendung einer standardisierten und bezüglich Effizienz optimierten Methodik des Stördiagnosesystems in die Lage versetzt, wesentlich exakter und schneller ursächliche Anlagenstörungen zu identifizieren als entsprechende Fachleute. Die Erfassung und Sicherung des sehr speziellen Fachwissens ermöglicht zudem eine kontinuierliche Erweiterung und Optimierung der Wissensbasis im Rahmen der stetigen Anwendung des Systems im Serienprozess. Durch Anwendung bei fiktiven Abweichungen von Bauteilqualitätsparametern kann das Diagnosesystem darüber hinaus als Schulungsinstrument für neue Mitarbeiter verwendet werden.

Aufgrund der Allgemeingültigkeit der Taxonomien und der Heuristiken ist die Erweiterung der Wissensbasis auf andere Wärmebehandlungsanlagen bzw. -verfahren ohne weiteres möglich. Lediglich die einzelnen Elemente der jeweiligen Taxonomien und die qualitativen Abhängigkeiten müssten hier angepasst bzw. neu erstellt werden. Die Realisierung einer automatisierten Stördiagnose durch Verarbeitung der relativen Veränderungen der Qualitätswerte im Serienprozess sowie dem Abgleich der Istwerte der Anlagenparameter über Schnittstellen mit den Wärmebehandlungsanlagen, eine Interaktivität mit den Leitsystemen vorausgesetzt, stellt eine zukünftige Herausforderung dar. Die Ausdehnung der Wissensbasis auf andere Prozessbereiche, wie z.B. die Fertigungsprozesse Drehen oder Fräsen, sowie die Verknüpfung mit anderen bereits existenten wissensbasierten Systemen ist eine weitere Entwicklungsmöglichkeit des Stördiagnosesystems Einsatzhärten.

7 Literaturverzeichnis

AAMO 95 Aamodt, A. and Nygård, M.
Different roles and mutual dependencies of data, information, and knowledge - an AI perspective on their integration.
In: Data & Knowledge Engineering, Vol. 16, Edition 3.
Elsevier, Amsterdam, 1995, S. 191-222.

ADEL 02 Adelsberger, H. H.; Bick, M.; Hanke, Th.
Einführung und Etablierung einer Kultur des Wissenteilens in Organisationen.
In: Engelien, M.; Homann, J. (Hrsg.): Virtuelle Organisationen und Neue Medien.
Eul Verlag, Lohmar 2002, S. 529–552.

ALTE 01 Altena, H.; Stolar, P.; Jurci, P.; Kliam, F.; Pavlu, J.
Der Einfluss von Gas- und Ölabschreckparametern auf das Verzugsverhalten von Zahnrädern, 146 Jg., Heft 3.
BHM – Berg- und Hüttenmännische Monatshefte, Springer Verlag, Berlin, 2001, S. 105-113.

AMEL 04 Amelingmeyer, J.
Wissensmanagement: Analyse und Gestaltung der Wissensbasis von Unternehmen, 3. Auflage.
Deutscher Universitäts-Verlag, Wiesbaden, 2004.

ARMU 02 Armutat, S.; Krause, H.; Linde, F.; Rump, J.; Striening, W.; Weidmann, R.
Wissensmanagement erfolgreich einführen.
Deutsche Gesellschaft für Personalführung, Bd. 66., Düsseldorf, 2002.

AUGU 00 Augustin, S.
Der Stellenwert des Wissensmanagements im Unternehmen.
In: Mandl, H.; Reinmann-Rothmeier, G. (Hrsg.): Wissensmanagement: Informationszuwachs – Wissensschwund?
Oldenbourg Verlag, München, 2000, S. 159–168.

BACH 99 Bach, V.; Österle, H.
Wissensmanagement: Eine unternehmerische Perspektive.
In: Bach, V.; Vogler, P.; Österle, H. (Hrsg.): Business Knowledge Management.
Springer Verlag, Berlin, 1999, S. 13-35.

BALZ 96 Balzert, H.
Lehrbuch der Software-Technik, Band I.
Springer Spektrum Akademischer Verlag, Heidelberg, 1996.

BÄUR 05 Bäurle, G.; Schubert, F.; Schiele, S.
Reduzierung von Stillstandszeiten an Wärmebehandlungsanlagen durch schnelle Fehlerbeseitigung.
GASWÄRME International, 54. Jahrgang, Heft 4
Vulkan Verlag, Essen, 2005, S. 244-247.

BEA 00 Bea, F. X.
Wissensmanagement.
In: Wirtschaftswissenschaftliches Studium, Heft 7.
Verlag Vahlen, München, 2000, S. 362-367.

BECH 91 Bechtolsheim, M. Schweichhart, K., Winand, U.
Expertensystemwerkzeuge, Produkte, Aufbau, Auswahl, 1. Auflage.
Vieweg Verlag, Braunschweig, 1991.

BECK 05   Becker, T.
            Prozesse in Produktion und Supply Chain optimieren.
            Springer Verlag, Berlin, 2005.

BEET 87   Beetz, M.
            Eine Wissensrepräsentation für Kontrollwissen in regelbasierten Systemen.
            In: Balzert, H. Heyer, G. (Hrsg.).
            Expertensysteme '87. Konzepte und Werkzeuge, Tagung I/1987 des German Chapter
            of the ACM am 7. und 8.4.1987 in Nürnberg, Vol. 28.
            Teubner Verlag, Stuttgart, 1987, S. 88-101.

BEND 00   Bendt, A.
            Wissenstransfer in multinationalen Unternehmen.
            Gabler Verlag, Wiesbaden, 2000.

BERN 02   Berning R.
            Prozessmanagement und Logistik: Gestaltung der Wertschöpfung.
            Cornelsen Verlag, Berlin, 2002.

BIBE 93   Bibel, W.
            Wissensrepräsentation und Inferenz.
            Vieweg Verlag, Braunschweig, 1993.

BIBE 94   Bibel, W.
            Informatik und Intellektik als zukünftiges Zwiegespann.
            KI (Fachzeitschrift Künstliche Intelligenz: Organ des Fachbereiches KI der
            Gesellschaft für Informatik e.V.), Volume 8, Number 1.
            Springer Verlag, Berlin, 1994, S.16-22.

BICK 04   Bick, M.
            Dissertation: Knowledge Management Support System - Nachhaltige Einführung
            organisationsspezifischen Wissensmanagements.
            Fachbereich Wirtschaftswissenschaften der Universität Duisburg-Essen
            Online Veröffentlichung, Deutsche Nationalbibliothek, 2004.

BLEC 01   Bleck, W.: Werkstoffkunde Stahl für Studium und Praxis, 1. Auflage
            Verlag Mainz, Aachen, 2001.

BOHR 03   Bohrer, A.
            Dissertation: Entwicklung eines internetgestützten Expertensystems zur Prüfung des
            Anwendungsbereichs urheberrechtlicher Abkommen.
            Rechts- und Wirtschaftswissenschaftliche Fakultät der Universität des Saarlandes,
            Online-Veröffentlichung (URN: urn:nbn:de:bsz:291-scidok-876, URL:
            http://scidok.sulb.uni-saarland.de/volltexte/2003/87/; Datenzugriff erfolgte am
            03.08.2014), 2003, S. 2ff.

BROC 05   N.N.
            Brockhaus - Die Enzyklopädie: in 30 Bänden. 21., neu bearbeitete Auflage
            Verlag F.A. Brockhaus/wissenmedia, Gütersloh, 2005.

BROO 99   Brooking, A.
            Corporate Memory: Strategies for Knowledge Management.
            International Thomson Business Press, London, 1999.

BRUM 01   Brumby, L.
            Expertenstudie – Wissensmanagement in technischen Dienstleistungsunternehmen.
            Forschungsinstitut für Rationalisierung (FIR), RWTH Aachen, 2001.

BUKO 02   Bukowitz, W. R.; Williams, R. L.
            Financial Times Managementpraxis: Wissensmanagement. Effizientes Knowledge
            Management aufbauen und integrieren.
            Financial Times Prentice Hall, München, 2002.

BULL 89   Bullinger, H.-J.; Fähnrich, K.-P.; Kurz, E.
Expertensysteme in der Produktion: Erfahrungen mit Planungs- und
Diagnosesystemen. Band 131, Heft 10.
VDI-Z Integrierte Produktion, 1989, S. 12-17.

BULL 97   Bullinger, H.-J.; Wörner, K.; Prieto, J.
Wissensmanagement heute – Daten, Fakten, Trends.
Ergebnisse einer Unternehmensstudie des Fraunhofer-Instituts für Arbeitswirtschaft
und Organisation in Zusammenarbeit mit dem Manager Magazin.
Fraunhofer IRB Verlag, Stuttgart, 1997.

BULL 98   Bullinger, H.-J.; Wörner, K.; Prieto, J.
Wissensmanagement – Modelle und Strategien für die Praxis.
In: Bürgel, H.-D. (Hrsg.): Wissensmanagement: Schritte zum intelligenten
Unternehmen.
Springer Verlag, Berlin, 1998, S. 21–39.

COY 89   Coy, W.; Bonsiepen, L.
Erfahrung und Berechnung: Kritik der Expertensystemtechnik.
Bd. Informatik Fachberichte 229
Springer Verlag, Berlin, 1989.

CURT 91   Curth, M.; Bölscher, A.; Raschke, B.
Entwicklung von Expertensystemen.
Hanser Verlag, München – Wien, 1991.

DAVE 00   Davenport, T.; Prusak, L.
Working Knowledge: How Organizations Manage What They Know, 2. Auflage.
Mcgraw-Hill Verlag, London, 2000.

DAVI 99   Davis, S.; Botkin, J.
The Coming of Knowledge-Based Business.
In: Harvard Business Review Book.
Harvard Business School Publishing, Boston (MA), 1999, S. 3-13.

DEUT 99   Deutsche Bank AG, Fraunhofer-Institut für Arbeitswirtschaft und Organisation (IAO).
Wettbewerbsfaktor Wissen: Leitfaden zum Wissensmanagement.
Deutsche Bank AG (Selbstverlag), Frankfurt/Main, 1999.

DIN 89   DIN 17022 Teil 3: Wärmebehandlung von Eisenwerkstoffen; Verfahren der
Wärmebehandlung – Einsatzhärten, April 1989.

DIN 94   DIN EN 100 52: Begriffe der Wärmebehandlung von Eisenwerkstoffen, Januar 1994.

DIN 97   DIN 69905: Projektwirtschaft, Projektabwicklung, Begriffe, Mai 1997.

DIN 08   DIN 10084: Einsatzstähle – technische Lieferbedingungen, Juni 2008.

DREN 92   Drenth, H.; Morris A.
Prototyping expert solutions: an evaluation of Crystal, Leonardo, Guru and ART-IM.
In: Hall, J. (Hrsg.), Expert Systems: The international journal of knowledge
engineering, Vol. 9, No. 1, S. 35-45.
Wiley-Blackwell, Hoboken, New Jersey, 1992.

ECKS 87   Eckstein, H. J.
Die Wärmebehandlung von Stählen, 2. Auflage.
VEB Deutscher Verlag für Grundstoffindustrie, Leipzig, 1987.

EDLE 03   Edler, J.
Wissensmanagement in der deutschen Wirtschaft. Studie im Rahmen einer OECD-
Initiative des Centre for Educational Research and Innovation (CERI).
Zusammenfassung.
Fraunhofer Institut für Systemtechnik und Innovationsforschung, Karlsruhe, 2003.

ENGE 96   Engel, J.
           Entwicklung eines wissensbasierten Informationssystems zur Unterstützung der
           Stördiagnose.
           Fortschr.-Ber. VDI Reihe 20, Nr. 199.
           VDI Verlag, Düsseldorf, 1996.

EPPL 01   Eppler, M. J.; Sukowski, O.
           Fallstudien zum Wissensmanagement: Lösungen aus der Praxis.
           Net Academy Press, St. Gallen, 2001.

FEIG 83   Feigenbaum, E.; McCorduck, P.
           The Fifth Generation: Artificial Intelligence and Japan's Computer Challenge to the
           world.
           Addison-Wesley Publishing Company, Reading (Massachusetts), 1983.

FENS 01   Fensel, D.
           Ontologies: a silver bullet for knowledge management and electronic commerce.
           Springer Verlag, Berlin 2001.

FICK 55   Fick, A.
           Über Diffusion.
           Ann Phys, 1855, S. 59-86.

FUHR 90   Fuhr, N.
           Repräsentation und Anfragefunktionalität in multimedialen Informationssystemen.
           In: Kuhlen, R. (Hrsg.), Pragmatische Aspekte beim Entwurf und Betrieb von
           Informationssystemen.
           Universitätsverlag Konstanz, 1990, S. 274-285.

GABR 92   Gabriel, R.
           Wissensbasierte Systeme in der betrieblichen Praxis.
           McGraw-Hill Verlag, London, 1992.

GADA 02   Gadatsch, A.
           Management von Geschäftsprozessen, 2. Auflage.
           Vieweg Verlag, Braunschweig, 2002.

GEVA 85   Gevarter, W.
           Intelligente Maschinen; Einführung in die künstliche Intelligenz und Robotik, 1.
           Auflage.
           VCH Verlagsgesellschaft, Weinheim, 1985.

GIES 05   Gießmann, H.
           Wärmebehandlung von Verzahnungsteilen – Effektive Technologien und geeignete
           Werkstoffe.
           Expert Verlag, Renningen, 2005.

GISS 02   Gissler, A.; Spallek, P.
           Unternehmensindividuelle Problemstellungen erfordern maßgeschneiderte
           Wissensmanagementlösungen – Der Beratungsansatz von Arthur D. Little.
           In: Bellmann, M.; Krcmar, H.; Sommerlatte, T. (Hrsg.): Praxishandbuch
           Wissensmanagement: Strategien – Methoden – Fallbeispiele.
           Symposion Verlag, Düsseldorf, 2002, S. 605–619.

GÖRZ 93   Görz, G. (Hrsg.)
           Einführung in die künstliche Intelligenz.
           Addison-Wesley Verlag, Reading (Massachusetts), 1993.

GOTT 90   Gottlob, G.; Frühwirt, T.; Horn, W.
           Expertensysteme.
           Springer Verlag, Berlin, 1990.

GRAB 97　　Grabke, H.-J.
　　　　　　Die Prozessregelung beim Gasaufkohlen und Einsatzhärten.
　　　　　　Expert Verlag, Rennigen, 1997.

GRAF 07　　Graf, F.
　　　　　　Pyrolyse- und Aufkohlungsverhalten von C_2H_2 bei der Vakuumaufkohlung von Stahl.
　　　　　　Dissertation, Universität Karlsruhe, Fakultät für Chemieingenieurwesen und
　　　　　　Verfahrenstechnik.
　　　　　　Universitätsverlag Karlsruhe, Karlsruhe, 2007.

GRON 06　　Gronau, N.; Fröming, J.
　　　　　　KMDL – Eine semiformale Beschreibungssprache zur Modellierung von
　　　　　　Wissenskonversionen.
　　　　　　Wirtschaftsinformatik, Volume 48, Number 5.
　　　　　　Gabler Verlag, Wiesbaden, 2006.

GRUB 93　　Gruber, T.
　　　　　　A translation approach to portable ontology specifications.
　　　　　　Knowledge Acquisition, Volume 5, Issue 2.
　　　　　　Academic Press, London, 1993, S. 199-220.

GOTT 01　　Gottstein, G.
　　　　　　Physikalische Grundlagen der Materialkunde, 2. Auflage.
　　　　　　Springer Verlag, Berlin, 2001.

GÜLD 03　　Güldenberg, S.
　　　　　　Wissensmanagement und Wissenscontrolling in lernenden Organisationen, 4.
　　　　　　Auflage.
　　　　　　Gabler Verlag, Wiesbaden, 2003.

GUT 91　　　Gut, H.
　　　　　　Modellierung der Schweißparameter mit dem Softwareprogramm WELDY.
　　　　　　In: Berechnung, Gestaltung und Fertigung von Schweisskonstruktionen im Zeitalter
　　　　　　der Expertensysteme: Vorträge und Posterbeiträge der gleichnamigen Sondertagung
　　　　　　in Essen am 20. und 21. Februar 1991 / EXPERT '91, Bd. 133.
　　　　　　DVS-Verlag, Düsseldorf, 1991, S. 68-70.

HARM 89　　Harmon, P.; King, D.
　　　　　　Expertensysteme in der Praxis.
　　　　　　Oldenburg Verlag, München, 1989.

HART 90　　Hartmann, D.; Lehner, K.
　　　　　　Technische Expertensysteme, Grundlagen, Programmiersprachen, Anwendungen, 1.
　　　　　　Auflage.
　　　　　　Springer Verlag, Berlin, 1990.

HAUN 02　　Haun, M.
　　　　　　Handbuch Wissensmanagement. Grundlagen und Umsetzung. Systeme und
　　　　　　Praxisbeispiele
　　　　　　Springer Verlag, Berlin, 2002.

HAYE 83　　Hayes-Roth, F.; Lenat, D. B.; Waterman, D. A.
　　　　　　Building Expert Systems.
　　　　　　Addison-Wesley Verlag, Reading (Massachusetts), 1986.

HERB 00　　Herbst, D.
　　　　　　Erfolgsfaktor Wissensmanagement.
　　　　　　Cornelsen Verlag, Berlin, 2000.

HEIN 05   Heinrich, L. J.
           Informationsmanagement: Planung, Überwachung und Steuerung der
           Informationsstruktur, 8. Auflage.
           Oldenbourg Verlag, München, 2005.

HELL 97   Hellmich, R.
           Einführung in intelligente Softwaretechniken.
           Prentice Hall, Upper Saddle River, New Jersey, 1997.

HEUM 92   Heumann, T.
           Diffusion in Metallen.
           Springer Verlag, Berlin, 1992.

HINR 02   Hinrichsen, S.
           Konzeptionierung eines Wissensmanagementsystems. Nur ein ganzheitliches
           Verständnis von Wissensmanagement führt zum Erfolg.
           Unternehmen der Zukunft, FIR+IAW- Zeitschrift für Organisation und Arbeit in
           Produktion und Dienstleistung.
           Aachen, 2002, S.18-19.

HIPP 05   Hippenstiel, F.
           Einsatzstähle für die Hochtemperaturaufkohlung in der Praxis.
           4. Internationales Getriebestahlsymposium, 17.-18. Februar 2005. Wetzlar.

HOCK 02   Hock, S.
           Produktivitätssteigerung bei der Getriebefertigung durch Hochtemperaturaufkohlung.
           Stahlforum 2002, 14. Nov. 2002, Düsseldorf.

HOFF 90   Hoff, H. (Hrsg.); Zinn, H.-J.; Kurz, E.
           Marktspiegel Expertensysteme auf dem Prüfstand: der Einsatz von Shells, Tools und
           Expertensystemen im Produktionsbereich, 1. Auflage.
           TÜV Rheinland, Köln, 1990.

HOLT 99   Holtshouse, D.
           Ten Knowledge Domains: Model of a Knowledge-Driven Company?
           In: Knowledge and Process Management, Vol. 6, No. 1
           Wiley InterScience, Hoboken NJ, 1999, S. 3-8.

HOPF 01   Hopfenbeck, W.; Müller, M.; Peisl, T.
           Wissensbasiertes Management: Ansätze und Strategien zur Unternehmensführung in
           der Internet-Ökonomie.
           Moderne Industrie Verlag, Landsberg/Lech, 2001.

HÖRL 07   Hörl, J.; Schaler, M.; Stohl, K.; Piirainen, I.; Ritamäki, O.
           Expertensysteme als nächste Stufe der Hochofenoptimierung.
           Stahl und Eisen, Jahrgang 127, Heft 4.
           Verlag Stahleisen GmbH, Düsseldorf, 2007, S.63 – 74.

HUNT 02   Hunter, L.
           Intellectual Capital: Accumulation and Appropriation.
           Melbourne Institute of Applied Economic and Social Research, The University of
           Melbourne.
           Melbourne Institute Working Paper Series Nr. 22, 2002.

IISY 07   Iisy AG
           Solvatio Architecture Overview - released version.
           Version 05, January 2007.

KARB 90   Karbach, W.; Linster M.
           Wissensakquisition für Expertensysteme: Techniken, Modelle und
           Softwarewerkzeuge.
           Carl Hanser Verlag, München, 1990.

KARR 87   Karras, D.; Kredel, L.; Pape, U.
           Entwicklungsumgebungen für Expertensysteme. vergleichende Darstellung
           ausgewählter Systeme.
           Studien zur Wirtschaftsinformatik, 1
           de Gruyter, Berlin, 1987.

KLEP 03   Kleppmann, W.
           Taschenbuch Versuchsplanung – Produkte und Prozesse optimieren.
           In: Brunner, F. (Hrsg.).
           Praxisreihe Qualitätswissen.
           Hanser Verlag, München, 2003.

KLOS 01   Klosa, O.
           Wissensmanagementsysteme in Unternehmen: State-of-the-Art des Einsatzes.
           Deutscher Universitäts-Verlag, Wiesbaden, 2001.

KOLL 91   Koller, R.
           CAD- und Expertensysteme der Konstruktion – Stand der Möglichkeiten.
           In: Berechnung, Gestaltung und Fertigung von Schweisskonstruktionen im Zeitalter
           der Expertensysteme: Vorträge und Posterbeiträge der gleichnamigen Sondertagung
           in Essen am 20. und 21. Februar 1991 / EXPERT '91, Bd. 133.
           DVS-Verl., Düsseldorf, 1991. S. 1-3

KPMG 01   KPMG Consulting AG
           Knowledge Management im Kontext von eBusiness. Status quo und Perspektiven
           2001 – eine Studie von KPMG Consulting.
           KPMG Consulting AG, Berlin, 2001.

KUHN 91   Kuhne, A.H.
           Erfahrungen bei Entwicklung und Einsatz von Expertensystemen in der
           Schweißtechnik.
           In: Berechnung, Gestaltung und Fertigung von Schweisskonstruktionen im Zeitalter
           der Expertensysteme, DVS-Bericht 133.
           DVS-Verlag, Düsseldorf, 1991, S.34-36.

LASK 89   Laske, O.
           Ungelöste Probleme bei der Wissensakquisition für wissensbasierte Systeme.
           KI (Fachzeitschrift Künstliche Intelligenz: Organ des Fachbereiches KI der
           Gesellschaft für Informatik e.V.), Vol. 3, Nr. 4.
           Springer Verlag, Berlin, 1989, S.4-12.

LAUT 05   Lautenbacher, F.
           Ontologie-basierte Modellierung und Synthese von Geschäftsprozessen, Report
           2005-16.
           Universität Augsburg, Institut für Informatik, September 2005.

LEHN 09   Lehner, F.
           Wissensmanagement – Grundlagen, Methoden und technische Unterstützung, 3.
           Auflage.
           Carl Hanser Verlag, München, 2009.

LENZ 90   Lenz, A.; Nöcker, C.; Schmitz, P.; Steinhoff, V.
           Management der Entwicklung von Expertensystemen – Erfahrungen aus der
           Durchführung des Kooperationskreises BIKOWI (BIFOA-Kooperationskreis
           Wissensverarbeitung).
           In: Ehrenberg, D.; Krallmann, H.; Rieger, B. (Hrsg.)
           Wissensbasierte Systeme in der Betriebswirtschaft. Grundlagen, Entwicklung,
           Anwendungen.
           Erich Schmidt Verlag, 1990, S. 353-366.

LIED 02   Liedtke, D.
Aufkohlen, Carbonitrieren, Einsatzhärten.
In: Bartz, W.J. (Hrsg.).
Wärmebehandlung - Grundlagen und Anwendung für die Eisenwerkstoffe. 5. Auflage.
expert Verlag, Renningen, 2027.

LIED 07   Liedtke, D.
Wärmebehandlung von Eisenwerkstoffen 1 – Grundlagen und Anwendungen, 7.
Auflage.
expert Verlag, Renningen, 2007.

LIED 08   Liedtke, D.
Merkblatt 452 „Einsatzhärten".
Stahl-Informations-Zentrum, Düsseldorf, 2008

MERT 93   Mertens, P.; Borkowski, V.; Geis, W.
Betriebliche Expertensystem-Anwendungen, 3. Auflage.
Springer Verlag, Berlin, 1993.

MINS 75   Minsky, M.
A Framework for Representing Knowledge.
MIT-AI Laboratory Memo 306, June, 1974.
Reprinted in The Psychology of Computer Vision, P. Winston (Ed.).
McGraw-Hill Verlag, London, 1975.

MOLL 07   Mollenhauer, J.-P., Staudter, C., Meran, R., Hamalides, A., Roenpage, O., Hugo, C.
von
Lunau, Stephan (Hrsg.).
Design for Six Sigma+Lean Toolset: Innovationen erfolgreich realisieren.
Springer Verlag, Berlin, 2007.

MÖLL 05   Möller, H.; Hübner, L.
Expertensystem zur Unterstützung der Fehlerdiagnose bei Maschinen.
In: Koordinierungsstelle Forschung und Entwicklung der Fachhochschulen des
Landes Baden-Württemberg, Hochschule Mannheim (Hrsg.), horizonte, Nr. 27.
VMK Verlag für Marketing & Kommunikation, Monsheim, 2005, S. 42 – 45.

NEBE 87   Nebendahl, D. (Hrsg.).
Expertensysteme. Einführung in Technik und Anwendung.
Verlag Siemens-Aktiengesellschaft, Berlin, München, 1987.

NEBE 89   Nebendahl, D. (Hrsg.)
Expertensysteme, Teil 2 Erfahrungen aus der Praxis.
Verlag Siemens-Aktiengesellschaft, Berlin, München, 1989.

NEUM 89   Neumann, A.
Expertensysteme – praxistauglich oder noch entwicklungsbedürftig?.
In: Werkstatt und Betrieb, Band 122, Heft 7.
Carl Hanser Verlag, München, 1989, S. 571-574.

NEUM 94   Neumann, B.
Künstliche Intelligenz – Status und Zukunftsperspektiven eines Forschungsgebietes.
KI (Fachzeitschrift Künstliche Intelligenz: Organ des Fachbereiches KI der
Gesellschaft für Informatik e.V.), Vol. 8, Nr. 1.
Springer Verlag, Berlin, 1994, S. 23-25.

NONA 97   Nonaka, I.; Takeuchi, H.
Die Organisation des Wissens - Wie japanische Unternehmen eine brachliegende
Ressource nutzbar machen.
Campus Fachbuch Verlag, Frankfurt a.M., 1997.

NORT 02   North, K.
           Wissensorientierte Unternehmensführung, Wertschöpfung durch Wissen, 3. Auflage.
           Gabler Verlag, Wiesbaden, 2002.

NURM 98   Nurmi, R.
           Knowledge-Intensive Firms.
           Business Horizons, Vol. 41, Issue 3.
           Elsevier Science, Amsterdam, 1998, S. 26-32.

OELS 03   von der Oelsnitz, D.; Weibler, J.
           Wissensmanagement, Strategie und Lernen in wissensbasierten Unternehmen.
           Kohlhammer, Stuttgart, 2003.

OHNO 93   Ohno, T.
           Das Toyota-Produktionssystem.
           Japanische Ausgabe, Tokio, 1978.
           Deutsche Übersetzung, 1. Auflage.
           Campus Verlag, Frankfurt a.M., 1993.

ORTH 11   Orth, R.; Voigt, S.; Kohl S.
           von Mertins, K. ; Seidel, H. (Hrsg.)
           Praxisleitfaden Wissensmanagement, Prozessorientiertes Wissensmanagement nach
           dem ProWis-Ansatz einführen.
           Fraunhofer Verlag, Stuttgart, 2011.

PAHL 90   Pahl, G.
           Bedarf von wissensverarbeitenden Systemen in der Konstruktion.
           Werkstatt und Betrieb, Band 123, Heft 4.
           Carl Hanser Verlag, München, 1990, S. 275-279.

PFAU 99   Pfau, W.
           Wissenscontrolling in lernenden Organisationen.
           In: Wirtschaftswissenschaftliches Studium, Heft 11.
           Verlag Vahlen, München, 1999, S. 599-601.

PFEI 93   Pfeifer, T., Richter, M.M. (Hrsg.)
           Diagnose von technischen Systemen.
           Deutscher Universitätsverlag, Wiesbaden, 1993.

PFEI 01   Pfeifer, T.
           Qualitätsmanagement – Strategien, Methoden, Techniken, 3. Auflage.
           Hanser Verlag, München, 2001.

POLA 58   Polanyi M.
           Personal Knowledge - Towards a Post-Critical Philosophy.
           The University of Chicago Press, Chicago, 1958.

PROB 06   Probst, G.; Raub, S.; Romhardt, K.
           Wissen managen: Wie Unternehmen ihre wertvollste Ressource optimal nutzen.
           Gabler Verlag, Wiesbaden, 2006.

PUPP 86   Puppe, F.
           Expertensysteme
           Informatik Spektrum (Organ der Gesellschaft für Informatik e.V. und mit ihr
           assoziierter Organisationen), Springer Verlag, Berlin, Bd. 9, 1986, S. 1-13.

PUPP 87   Puppe, F.
           Diagnostisches Problemlösen mit Expertensystemen.
           Springer Verlag, Berlin, 1987.

PUPP 91   Puppe, F.
           Einführung in Expertensysteme.
           Springer Verlag, Berlin, 1991.

PUPP 96   Puppe, F.; Gappa, U.; Poeck, K.
           Wissensbasierte Diagnose- und Informationssysteme: Mit Anwendungen des
           Expertensystem-shell-baukastens D3.
           Springer Verlag, Berlin, 1996.

PUPP 01   Puppe, F.
           In: Puppe, F.; Ziegler, S.; Martin, U.; Hupp, J. (Hrsg.).
           Wissensbasierte Diagnosesysteme im Service-Support. Konzepte und Erfahrungen.
           Springer Verlag, Berlin, 2001.

RAUN 01   Rauner, H.
           Dissertation: Rechnergestützte Schadenanalyse am Beispiel der Korrosion.
           Online-Publikation, Technische Universität München, Fakultät für Maschinenwesen,
           2001.

REIF 00   Reif, G.
           Diplomarbeit: Moderne Aspekte der Wissensverarbeitung.
           Durchgeführt an dem Institut für Informationsverarbeitung und Computergestützte
           neue Medien (IICM) der Technischen Universität Graz.
           Online-Veröffentlichung: http://www.iicm.tugraz.at/thesis_80/greif (Datenzugriff
           erfolgte am 03.08.2014), 2000, S. 48ff.

RICH 92   Richter, M.
           Prinzipien der künstlichen Intelligenz.
           Teubner Verlag, Stuttgart, 2. Auflage, 1992.

RIEM 04   Riempp, G.
           Integrierte Wissensmanagement-Systeme.
           Springer Verlag, Berlin, 2004.

RODE 01   Rode, N.
           Wissensmarketing. Strategische Entscheidoptionen für Anbieter von Wissen.
           Gabler Verlag, Wiesbaden, 2001

RÜML 01   Rümler, R.
           Wissensbarrieren behindern effektives Wissensmanagement.
           In: Wissensmanagement, Heft 5.
           Büro für Medien, Neusäß, 2001, S. 24–27.

RUSS 95   Russell, Stuart J.; Norvig, P.
           Artificial Intelligence. A modern approach.
           Prentice Hall Verlag, Upper Saddle River, New Jersey, 1995.

RÜTE 00   Rüter, A; Engelhardt, A.
           Knowledge-Management in der Dienstleistungsbranche.
           In: Information Management & Consulting, Band 15, Nr. 1.
           Verlag Information multimedia communication AG, 2000, S. 80-88.

SCHM 03   Schmaltz, R.; Hagenhoff, S.
           Entwicklung von Anwendungssystemen für das Wissensmanagement: State of the Art
           der Literatur.
           Arbeitsberichte des Instituts für Wirtschaftsinformatik, Professur für
           Anwendungssysteme und E-Business, Nr. 5.
           Universität Göttingen, Göttingen, 2003.

SCHM 99   Schmidt, G.; Hägele, E.; Preißer, F.; u.a.: Getaktete Vakuum-Durchlauf-
           Wärmebehandlungsanlage mit Hochdruckgasabschreckung.
           ALD Vacuum Technologies, Technische Mitteilungen, 2/99.

SCHM 86   Schmitz, P.; Lenz, A.
Abgrenzung von Expertensystemen und konventioneller ADV.
Betriebswirtschaftliche Forschung und Praxis, Jahrgang 38, Nr. 6.
nwb-Verlag, Herne, 1986, S. 499-516.

SCHN 96   Schneider, U.
Management in der wissensbasierten Unternehmung: Das Wissensnetz in und
zwischen Unternehmen knüpfen.
In: Schneider, U. (Hrsg.): Wissensmanagement: Die Aktivierung des intellektuellen
Kapitals.
Frankfurter Allgemeine Zeitung Verlagsbereich Wirtschaftsbücher, Frankfurt a.M.,
1996.

SCHO 93   Schormann, J.
Entwicklung eines Informations- und Fehlerdiagnosesystems für die
Qualitätssicherung beim Gesenkschmieden.
Fortschr.-Ber. VDI Reihe 20 Nr. 76.
VDI Verlag, Düsseldorf, 1996, S. 98ff.

SCHU 06   Schuh, G.
Change Management – Prozesse strategiekonform gestalten.
Springer Verlag, Berlin, 2006.

SCHÜ 90   Schüler, V.; Huchtemann, B.; Wulfmeier, E.
Hochtemperaturaufkohlung von Einsatzstählen.
Härterei Technische Mitteilung 45 (1990) 1, Seite 57-65.

SENG 01   Senger, E., Riempp, G.
Zum Einsatz intelligenter Softwareagenten im Wissensmanagement.
In: Klinkenberg, R., Rüping, S., Fick, A., Herzog, C., Molitor, R., Schröder, O. (Hrsg.):
LLWA 01 - Tagungsband der GI-Workshopwoche "Lernen-Lehren-Wissen-
Adaptivität", Dortmund, 08.10.2001.
Dekanat Informatik, Dortmund, 2001, S. 198-205.

STAT 11   Statistische Ämter des Bundes und der Länder
Demografischer Wandel in Deutschland - Bevölkerungs- und Haushaltsentwicklung im
Bund und in den Ländern.
Heft 1, Ausgabe 2011
Statistisches Bundesamt, Wiesbaden, 2011.

SVEI 97   Sveiby, K. E.
Wissenskapital das unentdeckte Vermögen.
Verlag Moderne Industrie, Landsberg am Lech ,1997.

SWAR 96   Swartout, W.; Patil, R.; Knight, K.; Russ, T.
Toward Distributed Use of Large-Scale Ontologies.
In: Proc. of the Tenth Workshop on Knowledge Acquisition for KnowledgeBased
Systems.
AAAI Press, 1996, S. 138-148.

TERN 98   Terninko, J., Zusman, A., Zlotin, B.
Herb, R. (Hrsg.)
TRIZ. Der Weg zum konkurrenzlosen Erfolgsprodukt. Ideen produzieren. Nischen
besetzen. Märkte gewinnen.
Verlag Moderne Industrie, Landsberg/Lech, 1998.

THIE 01   Thiesse, F.
Dissertation: Prozessorientiertes Wissensmanagement: Konzepte, Methode,
Fallbeispiele.
Universität St. Gallen, Hochschule für Wirtschafts-, Rechts- und Sozialwissenschaften
(HSG), 2001.

THOM 05   Thom, N.; Harasymowicz-Birnbach J. (Hrsg.)
           Wissensmanagement im privaten und öffentlichen Sektor. Was können beide
           Sektoren voneinander lernen? 2. Auflage.
           vdf Hochschulverlag an der ETH, Zürich, 2005.

THUY 89   Thuy, N.H.C.; Schupp, P.
           Wissensverarbeitung und Expertensysteme.
           Handbuch der Informatik, Band 6.1.
           Oldenbourg Verlag, München, 1989.

TRUT 08   Trute, S.
           Einfluss der Prozesskette auf die Feinkornbeständigkeit von mikrolegierten
           Einsatzstählen.
           Dissertation, RWTH Aachen, Fakultät für Georessourcen und Materialtechnik.
           Online-Veröffentlichung: URN: urn:nbn:de:hbz:82-opus-26597, URL:
           http://darwin.bth.rwth-aachen.de/opus3/volltexte/2009/2659/ (Datenzugriff erfolgte am
           03.08.2014), Aachen, 2008.

USCH 96   Uschold, M.; Grüninger, M.
           Ontologies: Principles, methods and applications.
           Knowledge Engineering Review, Volume 11, Number 2.
           University Press, Cambridge, 1996, S. 93-136.

VDI 92   N.N.
           VDI-Richtlinien: VDI 5006 E: Bürokommunikation; Expertensysteme in
           betriebswirtschaftlichen Anwendungen.
           VDI, Düsseldorf, 1992.

WATE 86   Waterman, D. A.
           A Guide to Expert Systems.
           Addison-Wesley Verlag, Reading (Massachusetts), 1986.

WEHN 02   Wehner, T.; Clases, C.
           Wissensmanagement: Zur Bedeutung einer multidisziplinären Herangehensweise an
           ein altes Theorie-Praxis-Problem.
           In: Hrsg. Werner, L.; Eugen, V.; Theo W.
           Wissensmanagement - Praxis. Einführung, Handlungsfelder und Fallbeispiele.
           vdf, Hochschulverlag an der ETH, Zürich, 2002, S. 29-37.

WEID 05   Weidl, G; Rode, M.; Horch, A.; Shaw, C., Vollmer, A.
           Automatische Ursachenanalyse von Fehlern und Störungen in Walzwerken.
           Stahl und Eisen, Heft 8.
           Verlag Stahleisen GmbH, Düsseldorf, 2005, S. 29-34.

WIEL 93   Wielinga, B.; Schreiber, G.; Breuker, J.
           Modelling Expertise.
           In: Schreiber, G.; Wielinga, B.; Breuker J. (Hrsg.)
           KADS: A Principled Approach to Knowledge-Based System Development.
           Knowledge-Based Systems, Vol.11.
           Academic Press, London, 1993, S.21-46.

WILK 01   Wilke, H.
           Systemisches Wissensmanagement, 2. Auflage.
           UTB, Lucius & Lucius Verlagsgesellschaft, Stuttgart, 2001.

WOLF 99   Wolf, T., Decker, S. and Abecker, A.
           Unterstützung des Wissensmanagements durch Informations- und
           Kommunikationstechnologie.
           In: Scheer, A.-W.; Nüttgens, M. (Hrsg.): Electronic Business Engineering, 4.
           Internationale Tagung Wirtschaftsinformatik, (Physica-Verl.) Wirtschaftinformatik
           Proceedings 39, 1999, S. 745-765.

ZIEG 93   Ziegler, J., Koller, F.
           Wissensorientierte Unterstützung von Arbeit und Lernen – Technologien und
           Einsatzkriterien.
           In: Coy, W.; Gorny, P.; Kopp, I.; und Skarpelis, C. (Hrsg.)
           Menschengerechte Software als Wettbewerbsfaktor.
           Teubner Verlag, Stuttgart, 1993, S. 396-413.

8 Anhang

		Klassen		
	Prozessschritt	**Prozessparameter**	**qualitative Parameter- ausprägung**	**geregelt* / nicht geregelt**
Elemente	Be-/ Entladesystem	Verweilzeit nach dem Abschrecken	zu lang	geregelt
	Voroxidation	Temperatur	zu niedrig	geregelt
		Temperatur	zu hoch	geregelt
		effektive Taktzeit	zu kurz	geregelt
		effektive Taktzeit	zu lang	geregelt
		Chargierdichte	zu niedrig	nicht geregelt
		Chargierdichte	zu hoch	nicht geregelt
		Sauerstoffgehalt	zu niedrig	nicht geregelt
	Erwärmung	Temperatur	zu niedrig	geregelt
		Temperatur	zu hoch	geregelt
		effektive Taktzeit	zu kurz	geregelt
		effektive Taktzeit	zu lang	geregelt
		Chargierdichte	zu niedrig	nicht geregelt
		Chargierdichte	zu hoch	nicht geregelt
		Kohlenstoffpegel	zu niedrig	nicht geregelt
	Aufkohlung	Temperatur	zu niedrig	geregelt
		Temperatur	zu hoch	geregelt
		Effektive Taktzeit	zu kurz	geregelt
		Effektive Taktzeit	zu lang	geregelt

		Klassen	
Prozessschritt	**Prozessparameter**	**qualitative Parameter-ausprägung**	**geregelt* / nicht geregelt**
Aufkohlung Fortsetzung	Kohlenstoffpegel	zu niedrig	geregelt
	Kohlenstoffpegel	zu hoch	geregelt
	CO-Gehalt	zu niedrig	geregelt
	CO-Gehalt	zu hoch	geregelt
Diffusion	Temperatur	zu niedrig	geregelt
	Temperatur	zu hoch	geregelt
	Kohlenstoffpegel	zu niedrig	geregelt
	Kohlenstoffpegel	zu hoch	geregelt
	effektive Taktzeit	zu kurz	geregelt
	effektive Taktzeit	zu lang	geregelt
	Chargierdichte	zu niedrig	nicht geregelt
	Chargierdichte	zu hoch	nicht geregelt
Diffusion auf Härtetemperatur	Temperatur	zu niedrig	geregelt
	Temperatur	zu hoch	geregelt
	Kohlenstoffpegel	zu niedrig	geregelt
	Kohlenstoffpegel	zu hoch	geregelt
	effektive Taktzeit	zu kurz	geregelt
	effektive Taktzeit	zu lang	geregelt
	Chargierdichte	zu niedrig	nicht geregelt
	Chargierdichte	zu hoch	nicht geregelt
Abschrecken (Härtepresse)	Temperatur Abschreckmittel	zu niedrig	geregelt

Elemente

		Klassen	
Prozessschritt	**Prozessparameter**	**qualitative Parameter- ausprägung**	**geregelt* / nicht geregelt**
	Temperatur Abschreckmittel	zu hoch	geregelt
	Abschreckdauer	zu kurz	geregelt
	Nachkühldauer	zu kurz	geregelt
	Abschreckintensität Medium	zu niedrig	nicht geregelt
	Abschreckintensität Medium	zu hoch	nicht geregelt
	Öldurchflussmenge	zu niedrig	geregelt
	Öldurchflussmenge	zu hoch	geregelt
Abschrecken (Härtepresse) - Fortsetzung	Ölströmungsverteilung	Falsch	nicht geregelt
	Spreizdruck	zu niedrig	geregelt
	Spreizdruck	zu hoch	geregelt
	Innendruck	zu niedrig	geregelt
	Innendruck	zu hoch	geregelt
	Aussendruck	zu niedrig	geregelt
	Aussendruck	zu hoch	geregelt
	Verzögerung (innen)	zu kurz	geregelt
	Verzögerung (innen)	zu lang	geregelt
	Verzögerung (außen)	zu kurz	geregelt
	Verzögerung (außen)	zu lang	geregelt
	Dorndurchmesser	zu klein	nicht geregelt
	Dorndurchmesser	zu groß	nicht geregelt

Elemente

		Klassen	
Prozessschritt	**Prozessparameter**	**qualitative Parameterausprägung**	**geregelt* / nicht geregelt**
Waschen	Vorschleuderzeit	zu kurz	geregelt
	Waschschleuderzeit	zu kurz	geregelt
	Nachschleuderzeit	zu kurz	geregelt
	Vorschleuderdrehzahl	zu niedrig	nicht geregelt
	Waschschleuderdrehzahl	zu niedrig	nicht geregelt
	Nachschleuderdrehzahl	zu niedrig	nicht geregelt
	Wassermenge	zu niedrig	nicht geregelt
	Luftmenge	zu niedrig	nicht geregelt
	Pigmentgehalt Waschmittel	zu hoch	nicht geregelt
Anlassen	Temperatur	zu niedrig	geregelt
	Temperatur	zu hoch	geregelt
	effektive Taktzeit	zu kurz	geregelt
	effektive Taktzeit	zu lang	geregelt
	Chargierdichte	zu niedrig	nicht geregelt
	Chargierdichte	zu hoch	nicht geregelt

(Zeilenbereich "Waschen" bis "Anlassen" gehört zur Spalte **Elemente**)

*Ein Parameter gilt als „geregelt", wenn dieser während des Prozesses kontinuierlich, auch indirekt über eine andere Größe, gemessen und die Abweichung vom Ist-Wert durch eine Justierung des Parameters verringert wird.

Tabelle 8.1: Auflistung der erfassten möglichen Fehleinstellungen der Wärmebehandlungsparameter für die Klasse Gasaufkohlen mit anschließender Pressenhärtung.

Klassen				
Prozess-schritt	**Einflussart**	**Anlagen-störung**	**Störungsursache**	**nach Wartung/ Reparatur**
	homogen	Temperatur-sollwert falsch eingestellt	Bedienfehler	
			Thermoelement gedriftet	
			Thermoelement ge-brochen	
	homogen	Thermoelement defekt	Anschlusskontakt korrodiert	
			falsch angeschlossen	x
			falsche Ausgleichsleitung	x
			Position Thermoelement falsch	x
Voroxidation	homogen	Temperatur-regelung defekt	SPS defekt	
	homogen	Heizung defekt	Gasventil defekt	
			Sicherheitsventil defekt	
			Luftventil defekt	
			Zündelektrode defekt	
	homogen	Heizung defekt	Gasfeuerungsautomat defekt	
			Flammenüberwachung defekt	
			Verbrennungsluftge-bläse defekt	

Elemente

		Klassen		
Prozess-schritt	Einflussart	Anlagen-störung	Störungsursache	nach Wartung/ Reparatur
Elemente Voroxidation	homogen	Heizung defekt - Fortsetzung	Brennerabsaugung defekt	
	lokal	Umwälzer defekt	Motor defekt	
			Flügelrad defekt	
	homogen	Transportstörung	Riss Antriebskette Einlauftür	
			Motor Einlauftür defekt	
			Türmechanik Einlauftür defekt	
			Riss Antriebskette Auslauftür	
			Motor Auslauftür defekt	
			Türmechanik Auslauftür defekt	
			Zylinder Transportsystem defekt	
			Ventil Transportsystem defekt	
			Klaue Transportsystem defekt	
			Ansteuerung Transportsystem defekt	
			Zylinder Einlauftür HTO defekt	

			Klassen		
Prozess-schritt	**Einflussart**	**Anlagen-störung**	**Störungsursache**	**nach Wartung/ Reparatur**	
Elemente	Voroxidation	homogen	Transportstörung - Fortsetzung	Türmechanik Einlauftür HTO defekt	
				Steuerventil Einlauftür HTO defekt	
		homogen	Sollwert Taktzeit falsch eingestellt	Bedienfehler	
		homogen	Ablaufstörung Chargentransport	Riss Antriebskette Einlauftür	
				Motor Einlauftür defekt	
				Türmechanik Einlauftür defekt	
				Riss Antriebskette Auslauftür	
				Motor Auslauftür defekt	
				Türmechanik Auslauftür defekt	
				Zylinder Transportsystem defekt	
				Ventil Transportsystem defekt	
				Klaue Transportsystem defekt	
				Ansteuerung Transportsystem defekt	
				Zylinder Einlauftür HTO defekt	

Klassen				
Prozess-schritt	Einflussart	Anlagen-störung	Störungsursache	nach Wartung/ Reparatur
			Türmechanik Einlauftür HTO defekt	
			Steuerventil Einlauftür HTO defekt	
			Stoßkopf Durchstoß-zylinder defekt	
			Ansteuerventil Durch-stoßzylinder defekt	
			Zylinder Durchstoß-zylinder defekt	
			Zylinder Zwischentür-Auslauftür HTO defekt	
Voroxidation	homogen	Ablaufstörung Chargentransport - Fortsetzung	Riss Antriebskette Zwischentür-HTO	
			Türmechanik Zwi-schentür-HTO defekt	
			Steuerventil Zwischentür-HTO defekt	
			Kettenantrieb Quer-stoßer HTO defekt	
			Motor Querstoßer HTO defekt	
			Stoßkopf Querstoßer HTO defekt	
			Zylinder Zwischentür Aufkohlung-Diff.zone defekt	

Elemente

	Klassen				
	Prozess-schritt	Einflussart	Anlagen-störung	Störungsursache	nach Wartung/ Reparatur
Elemente	Voroxidation	homogen	Ablaufstörung Chargentransport - Fortsetzung	Riss Antriebskette Zwischentür Aufkohlung-Diff.zone	
				Türmechanik Zwischentür Aufkohlung-Diff.zone defekt	
				Steuerventil Zwischentür Aufkohlung-Diff.zone defekt	
				Riss Antriebskette Querzieher Senkbühne	
				Getriebe Querzieher Senkbühne defekt	
				Motor Querzieher Senkbühne defekt	
				Ansteuerung Querzieher Senkbühne defekt	
				Zylinder Zwischentür Ölbad defekt	
				Riss Antriebskette Zwischentür Ölbad	
				Türmechanik Zwischentür Ölbad defekt	
				Steuerventil Zwischen-tür Ölbad defekt	

| | **Klassen** | | | | |
	Prozess-schritt	Einflussart	Anlagen-störung	Störungsursache	nach Wartung/ Reparatur
Elemente	Voroxidation	homogen	Ablaufstörung Chargentransport - Fortsetzung	Zylinder Transport Waschmaschine defekt	
				Ventil Transport Waschmaschine defekt	
				Klaue Transport Waschmaschine defekt	
				Ansteuerung Transport Waschmaschine defekt	
				Zylinder Einlauftür Waschmaschine defekt	
				Riss Antriebskette Einlauftür Waschmaschine	
				Türmechanik Einlauftür Waschmaschine defekt	
				Steuerventil Einlauftür Waschmaschine defekt	
				Zylinder Auslauftür Waschmaschine defekt	
				Riss Antriebskette Auslauftür Waschmaschine	

	Klassen				
	Prozess-schritt	Einflussart	Anlagen-störung	Störungsursache	nach Wartung/ Reparatur
Elemente	Voroxidation	homogen	Ablaufstörung Chargentransport - Fortsetzung	Türmechanik Auslauftür Waschmaschine defekt	
				Steuerventil Auslauftür Waschmaschine defekt	
				Zylinder Querstoßer Anlassofen defekt	
				Ventil Querstoßer Anlassofen defekt	
				Stoßkopf Querstoßer Anlassofen defekt	
				Ansteuerung Querstoßer Anlassofen defekt	
				Zylinder Einlauftür Anlassofen defekt	
				Riss Antriebskette Einlauftür Anlassofen	
				Türmechanik Einlauftür Anlassofen defekt	
				Steuerventil Einlauftür Anlassofen defekt	
				Zylinder Durchzieher Anlassofen defekt	
				Ventil Durchzieher Anlassofen defekt	

	Klassen				
	Prozess-schritt	Einflussart	Anlagen-störung	Störungsursache	nach Wartung/ Reparatur
Elemente	Voroxidation	homogen	Ablaufstörung Chargentransport - Fortsetzung	Stoßkopf Durchzieher Anlassofen defekt	
				Ansteuerung Durch-zieher Anlassofen defekt	
				Zylinder Auslauftür Anlassofen defekt	
				Riss Antriebskette Auslauftür Anlassofen	
				Türmechanik Aus-lauftür Anlassofen defekt	
				Steuerventil Auslauftür Anlassofen defekt	
				Ansteuerventil Kontaktzylinder defekt	
				Zylinder Kontaktzylinder defekt	
				Kontaktstange Kontaktzylinder defekt	
				Grundplatte mangelhaft	
				Gleitsteine mangelhaft	
				SPS defekt	
		(homogen)/ lokal	Chargierfehler	Bedienfehler	
		homogen	Absaugung defekt	Motor defekt	

Klassen				
Prozess-schritt	Einflussart	Anlagen-störung	Störungsursache	nach Wartung/ Reparatur
			Flügelrad defekt	
Voroxidation	homogen	Absaugung defekt - Fortsetzung	Keilriemen gerissen	
			Abluftklappe zu	

Tabelle 8.2: Auflistung der unterschiedlichen erfassten Anlagenstörungen und der dazugehörigen Störungsursachen für die Klasse Gasaufkohlen mit Abschreckung im Ölbad für den Prozessschritt Voroxidation.

Hinweis: Hierbei handelt es sich sowohl um bereits aufgetretene als auch theoretisch denkbare Anlagenstörungen!

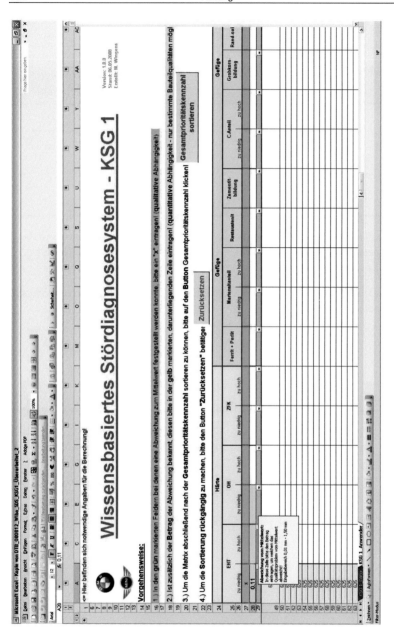

Bild 8.1: Excel-basiertes wissensbasiertes Störrdiagnosesystem – Eingabe Qualitätsproblem.

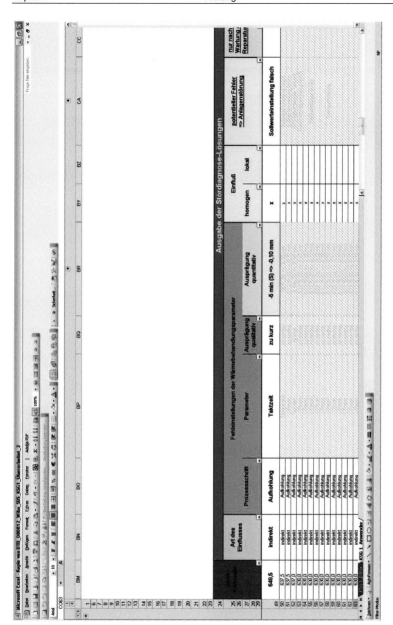

Bild 8.2:   Excel-basiertes wissensbasiertes Stördiagnosesystem – Ausgabe der
Anlagenstörungen.

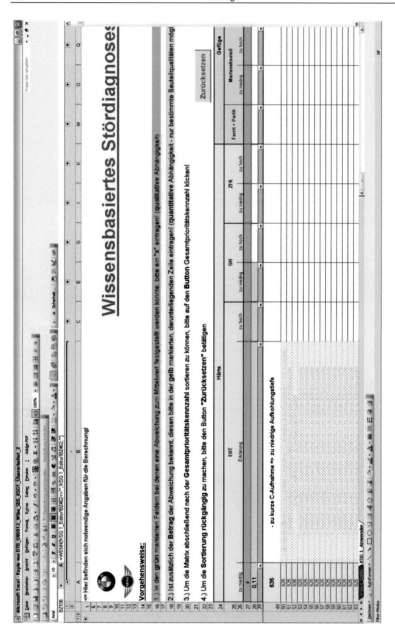

Bild 8.3: Excel-basiertes wissensbasiertes Stördiagnosesystem –
Erklärungsspalte mit werkstoffkundlichen Zusammenhängen.

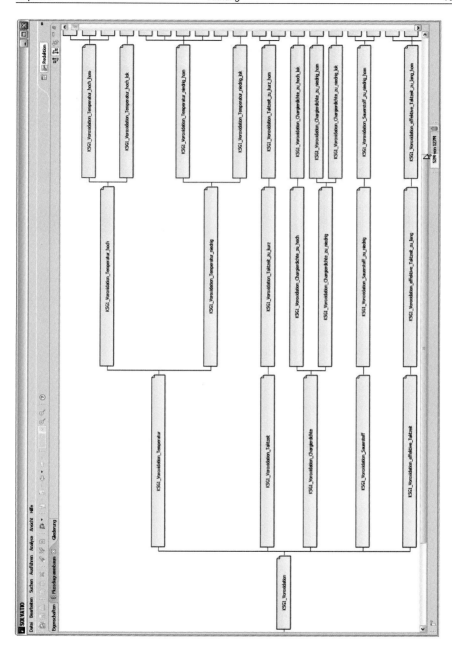

Bild 8.4: Abbildung der Fehleinstellungen der Wärmebehandlungsparameter über die strukturelle Verknüpfung der Flussdiagramme der Heuristik.

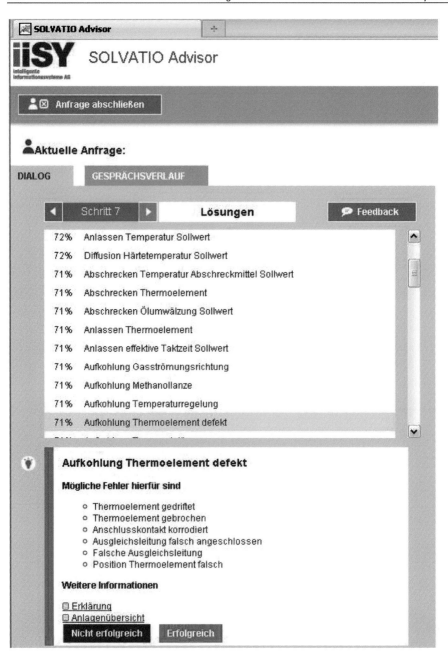

Bild 8.5:   **Ausgabestruktur des WiSE im SOLVATIO Advisor.**

Anlage: KSG 1

Prozessschritt: 1.3 Aufkohlung

ursächliche Anlagenstörung	hat Einfluss auf		beeinflusster Wärmebehandlungs-parameter	Einflussstärke des Wärmebehandlungs-parameters auf die Bauteilqualität	betroffene Bauteilqualität	Erklärung zwischen Wärmebehandlungs-parameter und Bauteilqualität
	gesamte Charge	Teil der Charge				
Thermoelement defekt	x		Temperatur zu niedrig	schwach	Verzug	1.) veränderte Einsatzhärtetiefe => verändertes Aufkohlungsprofil => verändertes Umwandlungsverhalten => veränderter Verzug
				stark	Einsatzhärtetiefe zu niedrig	1.) verringerte Diffusion = > zu niedrige Kohlenstoffaufnahme => niedrigere Aufkohlungstiefe => Einsatzhärtetiefe zu niedrig
				mittel	Zementitbildung	1.) verringerte Kohlenstofflöslichkeit

Bild 8.6: Werkstoffkundliche Erklärungen zur ausgewählten Anlagenstörung und der Fehleinstellung des zugehörigen Wärmebehandlungsparameters.

Curriculum Vitae

Persönliche Daten

Name	Markus Wingens
Geburtsdatum/ -ort	25. Dezember 1979 / Hattingen
Staatsangehörigkeit	deutsch
Familienstand:	ledig

Schulausbildung

1986 - 1990	Grundschule Sprockhövel
1990 – 1996	Hohenstaufengymnasium Göppingen
1996 – 1997	Besuch der 11. Klasse in einem Internat (Tabor) in der Nähe von Boston, Massachusetts, USA
1997 - 1999	Hohenstaufengymnasium Göppingen: Abitur

Studium

09/1999 – 03/2005	Studium der Metallurgie und Werkstofftechnik an der Fakultät für Georessourcen und Materialtechnik der RWTH-Aachen
	Studienrichtung Hauptstudium: Prozesse
10/2004 – 03/2005	Diplomarbeit zum Thema: „Einfluss variierender Umformparameter auf das Kornwachstumsverhalten von mikrolegierten Einsatzstählen während der Hochtemperaturaufkohlung"
	Abschluss: Diplom-Ingenieur

MBA-Studium

09/2008 – 09/2009	Management Studium am Collège des Ingénieurs in Paris mit Schwerpunkten in: Finanzwirtschaft, Volkswirtschaft, Marketing, Strategie, Kommunikation, Führungsverhalten und Unternehmertum
	Abschluss: MBA

Promotion

06/2005 – 2014	Promotion am Fachbereich Produktionstechik der Universität Bremen. Wissenschaftliche Betreuung der Doktorarbeit durch die Stiftung Institut für Werkstofftechnik (IWT) in Bremen
	Thema „Wissensbasiertes Stördiagnosesystem zur Behebung von Bauteilqualitätsproblemen in der Einsatzhärtung" bei der BMW Group in Dingolfing.

Berufserfahrung

07/1999 – 08/1999	Praktikum bei der Firma Brueninghaus Hydromatik GmbH (Mannesmann Rexroth) in Elchingen im Bereich „Härterei und Werkstoffprüfung"
02/2001 – 06/2001	Studentische Hilfskraft am Institut für Eisenhüttenkunde (IEHK) bei Prof. Dr.-Ing. W. Bleck
03/2002 –01/2003	Studentische Hilfskraft am Institut für Rationalisierung (FIR) bei Prof. Dr.-Ing. H. Luczak und Prof. Dr.-Ing. W. Eversheim
10/2003 – 03/2004	Praktikum bei der Firma Dr. Ing. h.c. F. Porsche AG in Weissach im Bereich „Entwicklung Gesamtfahrzeug Werkstofftechnik"
06/2005 – 06/2008	Doktorand bei der Firma BMW Group in Dingolfing im Bereich „Produktion Fahrwerks- und Antriebssysteme, Prototypenbau Radsatz"
01/2009 – 09/2009	Consultant bei der Schweizerischen Post im Rahmen des MBA-Studiums am Collège des Ingénieurs
01/2010	Ass. d. GF bei der Firma Härterei Technotherm GmbH & Co. KG